Prozess- und Maschinenentwicklung für das kontinuierliche, variotherme Heißprägen

Process and Machine Development for the Continuous, Variothermal Hot-Embossing

Von der Fakultät für Maschinenwesen
der Rheinisch-Westfälischen Technischen Hochschule Aachen
zur Erlangung des akademischen Grades eines
Doktors der Ingenieurwissenschaften
genehmigte Dissertation

vorgelegt von

Maximilian Kosel

Berichter/in:

Univ.-Prof. Dr.-Ing. Christian Brecher
Univ.-Prof. Dr. rer. nat. Peter Loosen

Tag der mündlichen Prüfung: 11. April 2024

Diese Dissertation ist auf den Internetseiten der Universitätsbibliothek online verfügbar.

ERGEBNISSE AUS DER PRODUKTIONSTECHNIK

Maximilian Kosel

Prozess- und Maschinenentwicklung für das kontinuierliche, variotherme Heißprägen

Herausgeber:
Prof. Dr.-Ing. T. Bergs
Prof. Dr.-Ing. Dipl.-Wirt. Ing. G. Schuh
Prof. Dr.-Ing. C. Brecher
Prof. Dr.-Ing. R. H. Schmitt

Band 18/2024

WZL | RWTH AACHEN UNIVERSITY

Fraunhofer IPT

Bibliografische Information der Deutschen Nationalbibliothek
Die Deutsche Nationalbibliothek verzeichnet diese Publikation in der Deutschen Nationalbibliografie; detaillierte bibliografische Daten sind im Internet über https://portal.dnb.de abrufbar.

Maximilian Kosel:

Prozess- und Maschinenentwicklung für das kontinuierliche, variotherme Heißprägen

1. Auflage, 2024

Gedruckt auf holz- und säurefreiem Papier, 100% chlorfrei gebleicht.

Wissenschaftsverlag des Instituts für Industriekommunikation und Fachmedien
an der RWTH Aachen
Steinbachstr. 25, 52074 Aachen
Internet: www.apprimus-verlag.de, E-Mail: info@apprimus-verlag.de

Druck: CPI Druckdienstleistungen GmbH, Ferdinand-Jühlke-Straße 7 I 99095 Erfurt

ISBN 978-3-98555-223-8

D 82 (Diss. RWTH Aachen University, 2024)

Vorwort und Danksagung

Die vorliegende Arbeit entstand während meiner Zeit als wissenschaftlicher Mitarbeiter im Bereich Produktionsmaschinen am Fraunhofer-Institut für Produktionstechnologie IPT in Aachen.

Herrn Univ.-Prof. Dr.-Ing. Christian Brecher danke ich für die wissenschaftliche Betreuung und das mir entgegengebrachte Vertrauen bei der Erstellung dieser Arbeit. Ebenso danke ich Herrn Univ.-Prof. Dr. rer. nat. Peter Loosen für die Übernahme des Korreferats. Bei Herrn Univ.-Prof. Dr.-Ing. Eike Stumpf bedanke ich mich für die Übernahme des Prüfungsvorsitzes.

Die Entstehung dieser Arbeit wurde durch das professionelle und kollegiale Umfeld am Fraunhofer IPT begünstigt. Mein großer Dank gilt dabei insbesondere meinen ehemaligen Kollegen, die meine Arbeit in vielfältiger Weise unterstützt haben. Besonders hervorheben möchte ich die Kollegen Sebastian Dormann, Titus Gotthardt, Achim Dupont, Toni Voebel, Daniel Gawenda, Dieter Stenzel, Laurin Blasius, Hendrik Naumann, Tim Geerken, Nico Bertaggia und Dr.-Ing. Thomas Schwarberg. Die gemeinsame Zeit am Fraunhofer IPT war fachlich sowie menschlich stets sehr motivierend und bereichernd, besonders in herausfordernden Situationen. Meinen ehemaligen Oberingenieuren Herrn Daniel Zontar und Herrn Dr.-Ing. Christoph Baum danke ich für das mir entgegengebrachte Vertrauen bei der Leitung zahlreicher Industrie- und Forschungsprojekte. Durch die umfangreichen Freiräume während meiner Tätigkeit als wissenschaftlicher Mitarbeiter und Gruppenleiter sowie die fachliche und persönliche Weiterbildung konnte ich wertvolle Erfahrungen für meine heutige berufliche Tätigkeit sammeln. Bei Sebastian Dormann, Toni Voebel und Daniel Zontar möchte ich mich noch einmal besonders für die konstruktiven Diskussionen und die Bereitschaft zur Durchsicht und Korrektur des Manuskripts bedanken. Herrn Dr.-Ing. Thomas Bastuck und Herrn Dr.-Ing. Martin Priwisch möchte ich für die durch ihre Arbeiten geschaffene fachliche Grundlage der modularen Rolle-zu-Rolle-Plattform am Fraunhofer IPT danken.

Des Weiteren möchte ich mich bei meinen studentischen Mitarbeiterinnen und Mitarbeitern bedanken, die durch ihre Hiwi-Tätigkeiten und die von mir betreuten Studien- und Abschlussarbeiten in vielfältiger Weise zum Gelingen dieser Arbeit beigetragen haben. Hervorheben möchte ich hier Frau Caroline Piesanti dos Santos, Herrn Christoph Serio, sowie Frau Mareike Roling.

Besonderer Dank gebührt meiner Familie. Meinen Eltern Michaele und Markus, die mir in allen Lebenssituationen mit Rat und Tat zur Seite standen und mir meine fachliche Ausbildung erst ermöglicht haben. Meinem Bruder Dominik, der mit motivierenden Worten und Gelegenheiten zur Ablenkung stets an meiner Seite war. Meinem Großvater Dr.-Ing. Georg Kosel, dessen unermüdliches Interesse an meinem fachlichen Werdegang mich bei der Erstellung dieser Arbeit stets motiviert hat.

Weiterhin danke ich meinen Schwiegereltern Dr. phil. Ulrike Spengler-Reffgen und Georg Reffgen für das Lektorat und die vielen Stunden der Kinderbetreuung während der Erstellung dieser Arbeit.

Schließlich bedanke ich mich bei meiner Frau Katharina für ihr Verständnis und ihre Geduld in den vielen Stunden, die ich am Schreibtisch verbracht habe, die Durchsicht des Manuskripts, das Feedback zu meinem Promotionsvortrag, sowie die vielen kleinen alltäglichen Dinge, mit denen sie mir in einem abwechslungsreichen Familienleben stets den Rücken freigehalten hat. Besonders während der finalen Phase hat Deine Unterstützung die Entstehung dieser Arbeit erst ermöglicht.

Zu guter Letzt bedanke ich mich bei meinen Kindern Helena und Jakob, die mich während der Erstellung des Manuskripts nie vergessen lassen haben, was wirklich wichtig ist.

Übach-Palenberg, im April 2024 Maximilian Kosel

Kurzzusammenfassung

Das Ziel dieser Arbeit ist es, Erkenntnisse zur Übertragung variothermer Verfahrensansätze auf die kontinuierliche, thermische Nanoimprintlithographie zu erarbeiten, um einen zukünftigen Transfer des Prozesses in industrielle Anwendungen zu ermöglichen. Trotz zahlreicher Veröffentlichungen aus dem Forschungsbereich mit unterschiedlichen Anlagenkonzepten, die eine variotherme Prozessführung ermöglichen sollen und des auch in verwandten Replikationsprozessen belegten Potentials variothermer Verfahren, finden sich in industriellen Anlagen hauptsächlich isotherme Systeme. Zwei Gründe für diesen Zustand finden sich in der, mit höheren Maschinenaufwänden verbundenen, komplexeren Prozessführung variothermer Systeme und der häufigen Verwendung galvanisch hergestellter Endlosbänder als Prägewerkzeuge. Basierend auf diesen Herausforderungen bildet die Entwicklung eines variothermen Prägesystems unter Verwendung eines Induktionsheizers sowie einer strukturierten Walze als Prägewerkzeug den Kern dieser Arbeit.

Die Analyse des Stands der Technik konzentriert sich auf die unterschiedlichen Gestaltungsmöglichkeiten variothermer Anlagen. Relevante Systeme aus der wissenschaftlichen Literatur werden vorgestellt und in graduelle und zonale Prägesysteme unterteilt. Abschließend wird das Anwendungsspektrum der Technologie mit Beispielen aus Forschung und Industrie veranschaulicht.

Basierend auf den identifizierten Lücken des Stands der Technik wird ein Prägesystem auf Basis eines außenliegenden Induktionsheizers als Heizsystem sowie eines Stahlbands zur Verlängerung der Prägezeit konzeptioniert und aufgebaut. Die wesentlichen Anlagenkomponenten des Andrucksystems werden anhand von sensorischen Daten analysiert.

Eine besondere Herausforderung stellt die Realisierung homogener Temperaturverteilungen auf dem Prägewerkzeug dar. Das durch die Geometrie des Induktionsheizers beeinflusste, induzierte Temperaturfeld wird in einer Simulation analysiert und der gepulste Betrieb des Induktionsheizers als wesentliche Stellgröße zur Beeinflussung der Temperaturhomogenität identifiziert. Die simulierten Zusammenhänge werden in einem Prüfstandsversuch experimentell bestätigt.

Abschließend werden die gewonnenen Erkenntnisse auf das aufgebaute Prägesystem übertragen und exemplarische Mikrostrukturen auf einem Foliensubstrat hergestellt. Anhand der Abweichungen der hergestellten Mikrogeometrie von der idealen Struktur wird der Einfluss der unterschiedlichen Prozessparameter des Systems analysiert.

Short Summary

The primary goal of this thesis is the elaboration of findings to transfer the concepts of variothermal embossing to thermal nanoimprint lithography in roll-to-roll processes for industrial applications. Despite numerous publications with different machine-systems from the research-sector and the known benefits of variothermal embossing processes, isothermal systems are still the main machine-type found in industrial conditions. Two reasons for this fact are the more complex process control with higher machine efforts and the frequent usage of electro-chemically manufactured belt-type embossing tools. Based on these findings, the development of a variothermal embossing system with an induction-heating system and a structured drum as an embossing-tool are the focus of this work.

The analysis of the state of the art is focused on the different possibilities for machine-components of variothermal hot-embossing systems. Relevant concepts from scientific literature are presented and subdivided into zone-based and gradient-based systems. Different application scenarios of the technology with micro-structures from research and industry are exemplarily described.

Based on the identified weaknesses in the state of the art, a variothermal hot embossing system with an induction-heating system and a steel-belt to extend the embossing time is developed and set up. The main components of the pressure-unit are analyzed based on sensor-data.

One specific challenge to the system is the realization of a homogeneous surface-temperature on the embossing drum. The inhomogeneous temperature-field resulting from the geometry of the induction-heating system is analyzed in a simulation. As a result, the pulsed operation of the heating system can be identified as a major influence on the temperature-homogeneity. The simulated behavior is experimentally validated in a test-bench.

The results from the simulation and the test-bench are transferred to the embossing system. During a production of exemplary microstructures on a polymer film, the influences of the processing parameters are analyzed by a comparison of the ideal structure and the manufactured micro-geometry.

Inhaltsverzeichnis

Table of Contents

1 Einleitung 1

2 Stand der Technik in Forschung und Industrie 5

2.1 Thermischer Replikationsprozess zur Herstellung von Mikro- und Nanostrukturen 6
2.1.1 Prozessbeschreibung des Heißprägeverfahrens 6
2.1.2 Prozessfenster des diskontinuierlichen Heißprägeverfahrens 7
2.1.3 Vicat-Erweichungstemperatur 9
2.1.4 Glasübergangstemperatur 10
2.1.5 Kontinuierliches Heißprägeverfahren 11
2.1.6 Prozessfenster des kontinuierlichen Heißprägeverfahrens 12
2.2 Maschinentechnik für die kontinuierliche T-NIL 14
2.2.1 Temperiersysteme 14
2.2.2 Prägewerkzeuge 18
2.2.3 Andruckeinheiten 20
2.3 Anlagenkonzepte 22
2.3.1 Definition relevanter Anlagentypen 22
2.3.2 Maschinentechnik isothermer Anlagenkonzepte 24
2.3.3 Maschinentechnik zonaler Anlagenkonzepte 25
2.3.4 Maschinentechnik gradueller Anlagenkonzepte 28
2.3.5 Industrielle Systeme 29
2.4 Anwendungsspektrum 31
2.4.1 Optik und Photonik 31
2.4.2 Medizin und Life-Sciences 33
2.4.3 Bionik 34
2.5 Zwischenfazit 35

3 Vorhabensbeschreibung 37

3.1 Bewertung des Kenntnisstands 37
3.2 Zielsetzung, Aufgabenstellung und Vorgehensweise 38

4 Anlagenkonzept für ein graduelles variothermes T-NIL-Modul 43

4.1 Aufbau des Gesamtsystems 43
4.2 Auf- und Abwickler 43
4.2.1 Abwickler 44
4.2.2 Aufwickler 46
4.3 Aufbau und allgemeine Funktionsweise des T-NIL Moduls 47
4.3.1 Temperierungskonzept 49
4.3.2 Andruckeinheit und Bandführung 52
4.3.3 Peripherie 54

4.4 Antriebs- und Regelungskonzepte ... 55
4.4.1 Bahnlaufregelung ... 55
4.4.2 Regelung des Stahlbandes ... 58
4.5 Empirische Charakterisierung des Maschinenverhaltens ... 59
4.5.1 Laufverhalten des Stahlbandes ... 60
4.5.2 Betrachtung der Prozesskräfte ... 62
4.6 Zwischenfazit ... 63

5 Untersuchung der thermischen Prozesseinflüsse auf die kontinuierliche T-NIL ... 65

5.1 Theoretische Betrachtung des induzierten Magnetfelds ... 65
5.1.1 Aufbau der Simulation ... 67
5.1.2 Simulationsergebnisse des Magnetfeldes ... 71
5.1.3 Bewertung der Simulationsergebnisse ... 74
5.2 Theoretische Betrachtung des Temperaturfeldes ... 75
5.2.1 Konzentriertes Kapazitätsmodell ... 75
5.2.2 Implementierung und Randbedingungen ... 76
5.3 Simulationsergebnisse ... 81
5.3.1 Kontinuierlicher Betrieb des Induktionsheizers ... 81
5.3.2 Pulsweitenmodulation ... 85
5.4 Zwischenfazit ... 88

6 Experimentelle Validierung der thermischen Prozesseinflüsse ... 91

6.1 Versuchsaufbau ... 91
6.2 Methodik ... 93
6.3 Zielsetzung und Versuchsablauf ... 95
6.4 Ergebnisse ... 97
6.4.1 Kontinuierlicher Betrieb des Induktionsheizers ... 98
6.4.2 Versuche mit Pulsweitenmodulation ... 102
6.4.3 Einfluss der eingebrachten Wärmeenergie ... 104
6.4.4 Vergleich von Simulation und Experiment ... 105
6.5 Interpretation der Ergebnisse ... 108
6.6 Zwischenfazit ... 108

7 Übertragung der Ergebnisse auf ein Prägesystem ... 111

7.1 Empirische Validierung des Konzeptes ... 111
7.1.1 Zielsetzung ... 112
7.1.2 Rahmenbedingungen der Studie ... 112
7.1.3 Faktorieller Versuch ... 116
7.2 Ergebnisse ... 117
7.2.1 Temperaturgradient ... 118
7.2.2 Replizierte Mikrostrukturen ... 122
7.2.3 Spitzenradien der Mikrostrukturen ... 127
7.3 Erhöhung der Produktionsgeschwindigkeit ... 128

7.3.1 Auswirkung auf den Temperaturgradienten 129
7.3.2 Auswirkung auf die Abformqualität 130
7.4 Zwischenfazit 131

8 Zusammenfassung und Ausblick 133

8.1 Zusammenfassung 133
8.2 Ausblick 135

9 Literaturverzeichnis 141

10 Anhang 151

10.1 Parametertabelle des DOE mit PWM 151
10.2 Parametertabelle des kontinuierlichen DOE 152

Formelzeichen und Abkürzungsverzeichnis

Formula Symbols and Abbreviations

Lateinische Zeichen und mathematische Sonderzeichen

Zeichen	Einheit	Benennung
$\tilde{E}_{PWM}$	J/m	Umfangsenergie (Pulsweitenmodulation)
$\tilde{E}_{kont.}$	J/m	Umfangsenergie (kontinuierlicher Betrieb)
A	m²	Fläche
B	T	Magnetische Flussdichte
Bi		Biot-Zahl
c	J/K	Wärmekapazität
CO_2		Kohlenstoffdioxid
dl	m	Infinitesimales, vektorielles Linienelement
e^-		Elektron
f	Hz	Frequenz
F_B	N	Spannkraft des Stahlbandes
F_p	N	Andruckkraft
F_{soll}	N	Zielkraft
Gr_L		Grashof-Zahl
H	A/m	Magnetische Feldstärke
i		Imaginäre Einheitszahl
J	A/m²	Elektrische Stromdichte
L	m	Länge
m	kg	Masse
Ni^{2+}		Nickel-Kation
N_{UL}		Nusselt-Zahl
p	bar; N/mm²	Druck
P_{avg}	W	Durchschnittliche Pulsleistung („average“ engl. „durchschnittlich“)
P_{high}	W	Pulsleistung („high“ engl. „hoch“)
P_{Ind}	W	Leistung des Induktionsheizers

P_R	W/m³	Leistungsdichte
Pr		Prandtl-Zahl
P_W	bar; N/mm²	Fülldruck der pneumatischen Zylinder
Q	J	Wärme
q_i	W	Inkrementelle Wärmelast
Q_p		Pulsverhältnis PWM
R	m	Radius
SO_4^{2-}		Sulfat-Anion
T	°C	Temperatur
t	s	Zeit
$t_{füll}$	s	Füllzeit
T_g	°C	Glasübergangstemperatur
t_H	s	Pulsdauer PWM
t_L	s	Pausendauer PWM
T_m	°C	Schmelztemperatur
T_V	°C	Vicat-Erweichungstemperatur
V	m³	Volumen
v	m/s	Geschwindigkeit
v_{Offset}	m/s	Zusatzgeschwindigkeit
$v_{prägung}$	m/s	Prägegeschwindigkeit
Δp	bar; N/mm²	Druckunterschied

Griechische Zeichen

Zeichen	**Einheit**	**Benennung**
$\dot{\gamma}$	1/s	Schergeschwindigkeit
∇		Nabla-Operator
μ	H/m	Magnetische Permeabilität
α	°	Winkel
α_q	W/m²K	Wärmeübergangskoeffizient
α_s		Statistisches Signifikanzniveau
δ	m	Eindringtiefe des elektromagnetischen Feldes
ε		Thermischer Emissionsgrad

η_{rep}	Pa·s	Repräsentative Viskosität
λ	W/mK	Wärmeleitkoeffizient
π		Kreiszahl
σ	S/m	Elektrische Leitfähigkeit
σ_B	W/m^2K^4	Stefan-Boltzmann-Konstante
ω	1/s	Kreisfrequenz

Abkürzungen

Abkürzung	**Benennung**
a.u.	Einheitenlos (engl. „arbitrary units“)
Al	Aluminium
Cu	Kupfer
CuZn	Kupferlegierung mit Zink (Messing)
DMS	Dehnungsmessstreifen
DOE	Statistische Versuchsplanung (engl. „Design Of Experiments“)
E-Zylinder	Elektromechanischer Zylinder
FLEXPOL	Forschungsprojekt (Antimicrobial Flexible Polymers for its use in hospital environments)
FSO	Gesamter Wertebereich (engl. „Full Scale Output“)
G-Code	Geometrischer Code (engl. “Geometric Code“)
IPT	Fraunhofer Institut für Produktionstechnologie, Aachen
IR	Infrarot
LED	Leuchtdiode (engl. „Light Emitting Diode”)
mod	Modulo
NIL	Nanoimprintlithographie
PC	Polycarbonat
PET	Polyethylenterephatalat
PET-G	Polyethylenterephthalat-Glykol
PID	Proportional-Integral-Differential (Regler)
PMMA	Polymethylmetacrylat

PS	Polysteren
PTFE	Polytetrafluorethylen
PWM	Pulsweitenmodulation
Ra	Mittenrauwert
SPS	Speicherprogrammierbare Steuerung
T-NIL	Thermische Nanoimprintlithographie
UP	Ultrapräzision
US	Vereinigte Staaten von Amerika (USA)
UV	Ultra-Violett
UV-NIL	UV-Nanoimprintlithographie

1 Einleitung

Introduction

Die stetig steigenden Anforderungen an die Funktionalität, Nachhaltigkeit und Miniaturisierung von High-Tech-Produkten stellen Wissenschaftler täglich vor neue Herausforderungen. In unterschiedlichsten Anwendungsbereichen werden dabei immer mehr Funktionsmechanismen den über Millionen von Jahren evolutionär entwickelten Wirkprinzipien der Natur entlehnt. Diese werden in innovative Produkte integriert, welche mit zunehmendem Preisdruck und hohen Anforderungen an die Stückzahlen hauptsächlich auf der Basis von Kunststoffmaterialien in replizierenden Verfahren hergestellt werden.

Im Bereich der Produktionstechnologie ist dabei die Skalierbarkeit neuartiger Produkte und Prozesse eine wiederkehrende Herausforderung. Insbesondere in den Bereichen bionischer und optischer Systeme wird dabei zunehmend auf kontinuierliche Produktionsverfahren nach dem „Rolle-zu-Rolle“ Prinzip gesetzt. Dieses beschreibt Verfahren, in denen eine Kunststoff-Warenbahn kontinuierlich verarbeitet wird. Die realisierbaren Prozesse reichen dabei von der Extrusion chemisch funktionalisierter Polymermaterialien über die Strukturierung von Oberflächen im Millimeter-Bereich zur Erzeugung haptischer Eigenschaften bis hin zur Produktion mikro- und nanoskaliger Oberflächenstrukturen. Letztere finden ihre Anwendungen dabei in den Bereichen technischer Beleuchtungselemente, mikrofluidischer Systeme oder medizinischer Anwendungen in Diagnostik und Medikation.

Die Erwartungen an die Marktentwicklungen der genannten Bereiche ist hoch und reicht von einer durchschnittlichen jährlichen Wachstumsrate des Umsatzes von 6% für den mit medizinischen Kunststoffprodukten [FROS21] erzeugten Umsatz bis hin zu einer Erwartung von 17,5% an die jährliche Wachstumsrate im Bereich „Smart Lighting“ [FROS21a], in welchem insbesondere die kontinuierliche Produktion von Lichtleitern und optischen Folien eine Rolle spielt.

Die hochskalige Produktion von immer feineren Oberflächenstrukturen stellt dabei neue Herausforderungen an die Replikationstechnologie für thermoplastische Kunststoffe. Eine variotherme Prozessführung ist dabei zur Realisierung hoher Replikationstreuen unabdingbar und in diskontinuierlichen Herstellungsverfahren wie dem Spritzguss oder dem Spritzprägeguss seit langem etabliert. Trotz des bekannten positiven Einflusses einer variothermen Prozessführung auf die Replikationsqualität befinden sich kontinuierlich variotherm arbeitende Systeme für die Folienverarbeitung noch im Forschungsstadium. Insbesondere die Realisierung eines kontinuierlichen thermischen Gradienten im Prägewerkzeug stellt dabei große Herausforderungen an die Maschinentechnik.

Mit der vorliegenden Arbeit soll demzufolge ein Beitrag zur Übertragung des variothermen Verfahrensansatzes auf kontinuierliche Verarbeitungsprozesse geleistet werden. Hierfür wurde ein neuartiges folienverarbeitendes Heißprägemodul zur Mikrostrukturierung thermoplastischer Kunststoffe entwickelt, aufgebaut und getestet. Das

Maschinenkonzept basiert dabei auf der Nutzung eines Mittelhochfrequenz-Induktionsheizers und der gezielten Ausnutzung des Skin-Effektes zur Realisierung thermischer Gradienten an der Werkstückoberfläche. Im Gegensatz zu bekannten Forschungsansätzen aus der Literatur wurde dabei eine diamantbearbeitete Prägewalze als Prägewerkzeug verwendet, um die spätere Übertragung des Prozesses in industrielle Systeme zu erleichtern. Weiterhin wurde eine vollflächige Andruckeinheit für das System entwickelt, welche auf der Umschlingung des Werkzeugs mit einem Stahlband basiert. Die wissenschaftliche Arbeit ist in die folgenden Teilaspekte gegliedert:

- Aufarbeitung des Standes der Technik in Forschung und Industrie und Identifizierung relevanter Potentiale
- Konzeptionierung und Realisierung eines kontiuierlich variothermen Heißprägemoduls
- Simulative Analyse des entstehenden Temperaturfeldes auf der Werkzeugoberfläche
- Experimentelle Überprüfung der thermischen Homogenität des erzeugten Temperaturfeldes
- Pilotproduktion relevanter Mikrostrukturen und messtechnische Quantifizierung der Abformungen
- Empirische Überprüfung der realisierbaren Temperaturgradienten im kontinuierlichen Betrieb

Aufbauend auf den im Rahmen dieser Forschungsarbeit erarbeiteten Erkenntnissen werden Impulse für die weitere Entwicklung des Verfahrens im Rahmen zukünftiger Arbeiten gegeben.

Introduction

The ever-increasing demand for novel functionalities, sustainability and miniaturization of high-tech products offers new challenges for researchers every day. Many different fields of applications rely on the functional principles of nature, developed by evolution in millions of years. These functionalities are integrated into innovative products, which are, with increasing requirements to quantity and price, mostly manufactured from polymers by replication processes.

Therefore, the scalability of novel products is a continuously re-occurring challenge in the field of production technology. Especially in the field of bionic and optical applications, the continuous manufacturing principle of "roll-to-roll" manufacturing gains more and more importance. It denotes a process, in which an endless polymer substrate is continuously processed. The possible processes range from the extrusion of chemically functionalized materials over the texturing of surfaces in the millimeter-regime down to the production of micro- and nanoscale surface features. Applications of these surfaces can be found in the technical-lighting market as well as medicine or life-sciences.

The expectations to the mentioned markets are high and range from a compact annual growth ratio of 6 % in the case of medical plastics [FROS21] up to an expected annual growth of 17,5 % in the field of "Smart Lighting" [FROS21a], in which the continuous production of optical films and light-guides is even more important.

The high-volume production of fine surface-structures offers challenges to the replication-technology of thermoplastic polymers. A variothermal process is required for high-quality replications and has been established in connected areas of polymer replication like injection-molding and injection-compression-molding for a long time. Although the benefits of variothermal polymer processing are well known, variothermal systems for the processing of thermoplastic films can still be found mostly in the research sector. Especially the application of a continuous thermal gradient offers a challenge to the machine technology of these systems.

For this reason, the focus of this work is to transfer the idea of variothermal processing to a continuous thermal Nanoimprintlithography-process. For this purpose, a variothermal hot-embossing module has been developed, set-up and tested. The concept is based on a medium-high-frequency induction heating system and the exploitation of the skin-effect to realize a thermal gradient on the surface of the embossing drum. In contrast to the present state-of-the-art, a diamond-turned embossing drum was used in this work to ease the transfer to industrial processing systems. Further, an imprinting-unit with an enhanced contact-area was developed based on a steel-belt, which is wrapped around the embossing drum in a 180° angle. The present work is subdivided into the following contents:

- Elaboration on the current state-of-the-art in research and industry and identification of relevant potentials

- Concept and set-up of a continuous variothermal hot embossing module
- Simulative analysis of the temperature field on the surface of the embossing drum
- Experimental proof of the thermal homogeneity of the induced temperature field
- Pilot production of relevant microstructures and metrological quantification
- Empirical proof of the possible temperature gradients during continuous operation

Finally, suggestions for further research are given based on the insights gained during this work.

2 Stand der Technik in Forschung und Industrie

State of the art in Research and Industry

Das Wort „Nanoimprintlithographie“ im heute verwendeten Sinne wird erstmals von Chou et al. 1995 eingeführt. In der damaligen Forschungsarbeit wurden binäre Strukturen sowie matrixartige Anordnungen von Säulenstrukturen thermoplastisch in ein Poly-methyl-metacrylat (PMMA) abgeformt. Die Größe der Strukturen lag dabei unter 100 nm, was nach der damaligen Meinung der Autoren der Grundstein für eine Anwendung der Technologie im Halbleitermarkt sein könnte. [CHOU95]

Beinahe drei Jahrzehnte nach der Entdeckung des Potentials der Nanoimprintlithographie zur Herstellung feinster Strukturen durch replikative Verfahren wurde eine Vielzahl an Anwendungen für funktionale Mikro- und Nanostrukturen erforscht und deren Potential sowohl im Labormaßstab als auch in ersten marktreifen Produkten bewiesen.

Ein weiterhin bestehendes Problem der Replikation von Mikro- und Nanostrukturen ist deren Skalierung auf große Stückzahlen. Während in der Forschungslandschaft immer neue Strukturen zur Realisierung unterschiedlichster Funktionalitäten erarbeitet werden, ist in der Maschinentechnik zur Replikation dieser Strukturen kein vergleichbar großer Fortschritt zu erkennen. Während im Labormaßstab meist diskontinuierliche Verfahren zum Einsatz kommen, setzen erste marktreife Produkte auf die kontinuierliche Rolle-zu-Rolle-Technologie, welche in der Lage ist, die benötigten feinen Strukturen als Endlosmaterial zu produzieren.

Die Maschinentechnik der Endlosproduktion kann dabei in zwei verschiedene Verfahrensarten aufgeteilt werden. Während einerseits die ursprünglich bereits von der Forschungsgruppe um Chou verwendete Technologie des Umformens eines thermoplastischen Materials in kontinuierliche Prozesse überführt wurde, wurde nur ein Jahr nach der ersten Veröffentlichung zur Nanoimprintlithographie ein auf Foto-Polymerisation mittels UV-Strahlung basierender Replikationsprozess von einer Forschungsgruppe um Haisma vorgestellt. Bei diesem wird ein UV-Lack im Kontakt mit einem strukturierten Werkzeug radikalisch ausgehärtet und so ein Negativ der im Werkzeug vorhandenen Strukturen erstellt. [HAIS96]

Beide Prozesse sind in kontinuierliche Endlosverfahren überführt worden und gehören sowohl im Forschungsbereich als auch in industriell verwendeten Anlagensystemen zum Stand der Technik. Während der Fotopolymer-basierte Prozess stetige Fortschritte im Bereich der Lackentwicklung zu verzeichnen hat, ist die Maschinentechnik für das thermoplastische Verfahren nahezu unverändert geblieben. Insbesondere variotherme Verfahrensansätze sind bisher ausschließlich aus dem Forschungsbereich zuzuordnenden Anlagensystemen bekannt.

Das folgende Kapitel soll eine Übersicht über den Stand der Technik im Bereich der thermoplastischen Anlagenkonzepte aus Forschung und Industrie bieten sowie die relevanten variothermen Anlagenkonzepte und deren wesentliche Funktionskomponenten näher beleuchten.

Nach einer detaillierten Erklärung des grundsätzlichen Prozessablaufs werden die Unterscheidungsmerkmale variothermer und isothermer Anlagenkonzepte erarbeitet. Anschließend werden die wesentlichen Anlagenkomponenten erklärt und verschiedene Ausgestaltungsmöglichkeiten beleuchtet. Zur näheren Darstellung der vielfältigen Anwendungsmöglichkeiten werden im Abschluss zur Maschinentechnik beispielhafte Strukturen aus unterschiedlichen Anwendungen gezeigt.

Das Kapitel endet mit einem Zwischenfazit zum aktuellen Stand der Technik.

2.1 Thermischer Replikationsprozess zur Herstellung von Mikro- und Nanostrukturen

Thermal replication process for manufacturing micro- and nanostructures

2.1.1 Prozessbeschreibung des Heißprägeverfahrens

Process description of hot embossing

Das thermoplastische Umformen von Polymersubstraten zur Herstellung von mikro- oder nanostrukturierten Oberflächen wird als thermische Nanoimprintlithographie (kurz T-NIL) bezeichnet. Der grundlegende Prozess des thermoplastischen Umformens kann in vier Hauptschritte unterteilt werden. Diese beginnen mit dem kontaktlosen Vorheizen von Substrat und Werkzeug auf die Prägetemperatur T_1 (1) ohne Kontakt vom Prägewerkzeug zum Substrat. Anschließend werden beide Komponenten in einem kraft- oder weggesteuerten, isothermen Prozessschritt zusammengebacht (2). In diesem Prozessschritt findet der eigentliche Prägevorgang statt. Aufgrund der temperaturabhängigen Viskosität amorpher Thermoplasten zeigt das Polymermaterial bei ausreichend hoher Temperatur viskoelastische Eigenschaften und kann in die Kavitäten des Prägewerkzeugs hineinfließen. Um eine elastische Rückstellung des Materials zu vermeiden, wird die Prozesskraft im dritten Prozessschritt aufrechterhalten und das Werkzeug auf eine Temperatur unterhalb der Glasübergangstemperatur (T_g) des Polymermaterials abgekühlt (3). Der vorliegende Verformungszustand des Materials wird somit ebenfalls aufrechterhalten. Im abschließenden Schritt des diskontinuierlichen Heißprägeverfahrens werden Werkzeug und Substrat wieder voneinander getrennt („Entformen") (4).[WORG09]

Bild 2.1 zeigt den schematischen Prozessablauf des diskontinuierlichen Heißprägens.

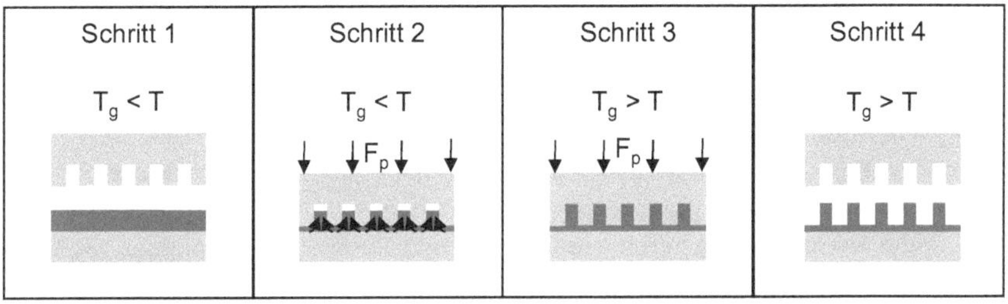

Bild 2.1: Schematischer Prozessablauf des diskontinuierlichen Heißprägeverfahrens nach [WORG09]
Schematic of the discontinuous hot embossing process

Durch das beschriebene Strukturierungsverfahren kann eine hohe Bandbreite an Mikro- und Nanostrukturen hergestellt werden, welche sich vom zweistelligen Nanometerbereich [CHOU95] bis hin zu etwa einem halben Millimeter [ZHON18] erstreckt. Auf diese Art und Weise können funktionalisierte Oberflächen für Anwendungsbereiche aus dem Lifescience-Bereich [RAKE18], der Bionik [RANK17] oder der Optikindustrie [XIE18] hergestellt werden.

2.1.2 Prozessfenster des diskontinuierlichen Heißprägeverfahrens

Process window of the discontinuous hot embossing process

Um das Prozessfenster für das diskontinuierliche Heißprägeverfahren einzuschätzen, ist es notwendig, die verwendeten Polymermaterialien näher zu betrachten. Polymerwerkstoffe werden aus ihren organischen Vorstufen, den Monomeren, in Polymerisationsreaktionen gebildet. Dabei reagieren die Monomere zu langen Molekülketten (Makromoleküle), welche das eigentliche Polymer bilden. Die Molekülketten können dabei regellos vorliegen (amorpher Kunststoff) oder teilweise geordnet (teilkristalliner Kunststoff). Damit sind die Eigenschaften der Polymere nicht nur durch ihre chemische Zusammensetzung, sondern vor allem durch die Beweglichkeit der Makromoleküle bestimmt. Die Beweglichkeit der Makromoleküle hängt dabei von der Bindungsstärke der Makromoleküle untereinander ab. Hierbei unterteilt man die Polymerwerkstoffe grundsätzlich in drei Kategorien.

- **Duromere**
  Bei Duromeren sind die Makromoleküle des Polymers untereinander durch ein enges Netzwerk an kovalenten Bindungen verknüpft. Unter Einfluss von Wärme brechen diese Bindungen auf und der Werkstoff zersetzt sich, ohne dabei eine Schmelze zu bilden.

- **Elastomere**
  Wie bei den Duromeren sind die Makromoleküle der Elastomere durch kovalente Bindungen miteinander verbunden. Dabei ist das Bindungsgefüge jedoch

weniger engmaschig als bei den Duromeren. Das Materialverhalten unter dem Einfluss von Wärme gleicht dem der Duromere.

- **Thermoplasten**
  Im Gegensatz zu Duromeren und Elastomeren liegen bei den Thermoplasten keine kovalenten intramolekularen Bindungen vor. Die Bindungsmechanismen von Thermoplasten beruhen auf schwachen Nebenvalenzbindungen wie Wasserstoffbrückenbindungen oder Van-der-Waals-Kräften. Unter Wärmeeinfluss brechen die intramolekularen Bindungen auf, die Makromoleküle können aneinander abgleiten und bilden eine Schmelze.

Aufgrund der Eigenschaft der Bildung einer Schmelze können nur thermoplastische Werkstoffe für die Verarbeitung im Heißprägeverfahren eingesetzt werden. [SKOL18]

Das Verhalten thermoplastischer Werkstoffe bei Umformvorgängen im Übergangsbereich zwischen fester und flüssiger Phase kann als Mischverhalten aus dem Verhalten eines viskosen Fluids und eines elastischen Festkörpers betrachtet werden. In der Literatur wird dieses Verhalten als „viskoelastisch“ beschrieben. [WORG09] Ob bei einem Vorgang das viskose oder das elastische Materialverhalten überwiegt, hängt stark von der Verarbeitungstemperatur des Materials ab. Man definiert die Glasübergangstemperatur T_g als die Temperatur, über der thermoplastische Werkstoffe ihre spröden Eigenschaften verlieren und zum viskoelastischen Materialverhalten übergehen. Die Schmelztemperatur T_m gibt an, ab welcher Temperatur der Werkstoff vollständig zur flüssigen Phase übergeht. [SKOL18]

Bild 2.2 zeigt das Temperaturverhalten von Polysteren (PS), einem typischen amorphen Thermoplasten.

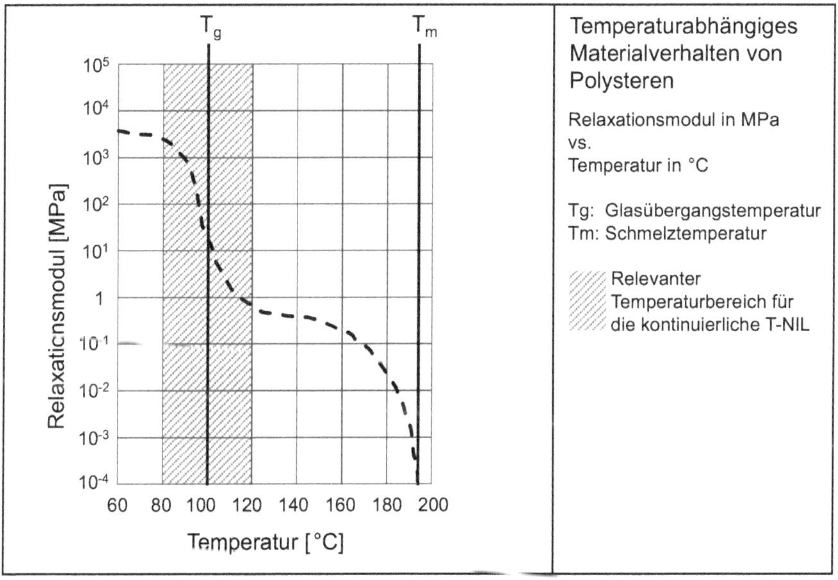

Bild 2.2: Temperaturabhängiges Materialverhalten von Polysteren nach [CALL15]
Temperature dependent material-behaviour of Polysterene

Besonders auffällig ist hierbei der starke Anstieg des Relaxationsmoduls über mehrere Größenordnungen in einem engen Temperaturfenster um die Glasübergangstemperatur herum. Während sich die Temperatur in einem relativ engen Bereich von T_g $\pm$ 20°C befindet, ändert sich der Relaxationsmodul des Polymers um mehr als das 1000-fache. Diese charakteristische Eigenschaft thermoplastischer Kunststoffe bietet das Potential einer variothermen Verarbeitung mit niedrigen Temperaturgradienten und ist ausschlaggebend für das Prozessfenster von Nanoimprintlithographie-Prozessen.

Um das Prozessfenster der T-NIL weiter einzugrenzen, bietet sich folglich die Betrachtung der Erweichungstemperatur sowie der Glasübergangstemperatur an. Diese sind wie folgt definiert.

2.1.3 Vicat-Erweichungstemperatur

Vicat softenting temperature

Die Vicat-Erweichungstemperatur kann mit der DIN-normierten Prüfmethode (DIN EN ISO 306) ermittelt werden. In dieser Norm wird eine Prüfmethode zur Untersuchung der thermischen Einsatzgrenze thermoplastischer Materialien definiert, bei der ein zylindrischer Prüfkörper mit einer Fläche von 1 mm² unter einer vorgegebenen Kraft und Heizrate auf eine Materialprobe gedrückt wird. Ermittelt wird die Temperatur, bei der der Prüfkörper 1 mm tief in das Material eingedrungen ist.

2.1.4 Glasübergangstemperatur

Glass transition temperature

Die Glasübergangstemperatur beschreibt die Temperatur, oberhalb derer spröder Kunststoff viskoelastische Eigenschaften aufweist, und stellt damit die relevante Mindesttemperatur für die Umformung im Heißprägeverfahren dar.

Aus den Daten der Vicat-Erweichungstemperatur und der Glasübergangstemperatur können nun die Anforderungen an die Werkzeugtemperierung abgeschätzt werden. In Tabelle 2.1 sind übliche Werte für relevante thermoplastische Kunststoffe aufgelistet.

Tabelle 2.1: Materialkennwerte typischer Thermoplasten.
Material properties of common thermoplastic polymers

Thermoplast	T_v	T_g
PMMA [GIPL 23b]	103 °C (B/50)	112 °C
PET-G [MATW 23a]	70 °C – 85 °C	79 °C – 85 °C
PC [GIPL 23a]	146 °C	146 °C
PS [MATW 23b]	70 °C – 108 °C	83°C – 100 °C

Das Prozessfenster des diskontinuierlichen Heißprägeverfahrens ergibt sich durch das beschriebene Materialverhalten der verarbeiteten Werkstoffe bei den charakteristischen Temperaturwerten sowie der physikalischen und mechanischen Randbedingungen der verwendeten Maschine. Die Schmelze thermoplastischer Werkstoffe verhält sich im allgemeinen scherverdünnend. Unter der Annahme eines thermisch und mechanisch isotropen Materials sowie einer laminaren, stationären Strömung lässt sich der Druckabfall (Δp) einer in eine runde Kavität strömenden Polymerschmelze durch den in Gleichung (2.1) dargestellten Zusammenhang ausdrücken. [WORG09]

$$\Delta p = 8 \cdot \frac{\eta_{rep}(\dot{\gamma}, T) v_{prägung} L}{R^2} \tag{2.1}$$

Hierbei stellt η die Viskosität der Schmelze in Abhängigkeit von der Temperatur (T) und der Schergeschwindigkeit ($\dot{\gamma}$) dar. Die Abmessungen der Kavität werden durch den Radius (R) und die Länge (L) dargestellt. Für eine Abschätzung der benötigten Prägezeit zur Füllung der Kavität kann in einfacher Näherung angenommen werden, dass die Geschwindigkeit des Prägevorgangs ($v_{prägung}$) gleich der Füllgeschwindigkeit der Kavität ist. Aus dieser Bedingung und Gleichung (2.1) folgt der Zusammenhang:

$$t_{füll} = \frac{8L^2 \eta(\dot{\gamma}, T)}{R^2 \Delta p} \tag{2.2}$$

Anhand dieses vereinfachten Zusammenhangs lassen sich die grundsätzlichen Prozesseinflüsse beim diskontinuierlichen Heißprägen ablesen. Die in Tabelle 2.2

angegebenen Einflussrichtungen beziehen sich dabei auf das Ziel, die Kavität in möglichst geringer Zeit vollständig zu füllen.

Tabelle 2.2: Haupteinflüsse auf die Füllzeit einer zylindrischen Kavität
Influences on the filling time of a cylindrival cavity

Einflussgröße	Auswirkung	Wirkungsrichtung
Temperatur	Nicht-Linear	+
Druck	Antiproportional	+
Höhe der Kavität	Quadratisch	-
Breite der Kavität	Reziprok-Quadratisch	+

Wie in Tabelle 2.2 und Gleichung (2.2) beschrieben, haben Druck und Temperatur positive Effekte auf die Füllzeit einer Kavität, während das Aspektverhältnis (Länge zu Breite) der Kavität die benötigte Füllzeit in negativer Richtung quadratisch beeinflusst. Je nach Art und Aufbau der Prägeanlage kann das Temperaturfenster für die Prozessführung variieren, im Allgemeinen liegt die Verarbeitungstemperatur im diskontinuierlichen Heißprägeverfahren jedoch im viskoelastischen Bereich zwischen T_g und T_m.

2.1.5 Kontinuierliches Heißprägeverfahren

Continuous hot embossing process

Nach den Pionierarbeiten in Bezug auf die Replikation feinster Strukturen von der Forschungsgruppe um Chou wurden zwei unterschiedliche Skalierungsansätze für die Replikation feiner Strukturen entwickelt. Der erste Schritt vor der Entwicklung eines kontinuierlichen Rolle-zu-Rolle-Prozesses bestand dabei in der Entwicklung eines semi-kontinuierlichen Verfahrens, in welchem ein zylindrisches Prägewerkzeug über eine Platte gerollt wurde und das Negativ der im Prägewerkzeug vorhandenen Strukturen so in das Polymermaterial bzw. den Lack übertragen wurde. Dieses Verfahren wurde bereits unmittelbar nach der Entdeckung der Nanoimprintlithographie entwickelt und wird als „Rolle-zu-Platte" (engl. Roll-to-Plate) bezeichnet. [TAN98] Bild 2.3 zeigt einen schematischen Vergleich der drei Verfahrensansätze in der Nanoimprintlithographie.

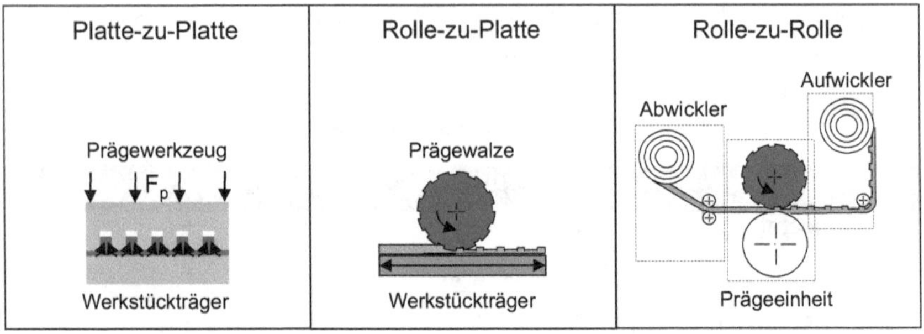

Bild 2.3: Gegenüberstellung unterschiedlicher Verfahrensansätze aus der Nanoimprintlithographie
Comparison of different processes in the field of Nanoimprintlithography

Die Bezeichnung „Nanoimprintlithographie" wird in Bezug auf ein kontinuierliches, thermisches Strukturierungsverfahren erstmals in einem US-Patent aus dem Jahr 2008 verwendet und beschreibt im Vergleich zu den bis dahin erarbeiteten Platte-zu-Platte und Rolle-zu-Platte Verfahrensansätzen eine Methode, bei der die thermoplastische Strukturierung von Foliensubstraten auf kontinuierlichen Warenbahnen durchgeführt wird. Dies wird ermöglicht, indem statt des im diskontinuierlichen Verfahren verwendeten Stempels ein Prägezylinder als Strukturierungswerkzeug eingesetzt wird. [GUO08]

Der Prägezylinder wird dabei über die Glasübergangstemperatur (T_g) des verwendeten Substrates erhitzt und an einem Prägespalt unter Druck mit dem Substrat in Kontakt gebracht. Da thermoplastische Materialien oberhalb von T_g ein viskoelasitsches Materialverhalten zeigen, wird ein Materialfluss in die Kavitäten des Prägewerkzeugs möglich. Somit wird auf dem Foliensubstrat ein Negativabbild der Oberflächenstruktur des verwendeten Prägewerkzeugs erzeugt.

Im weiteren Verlauf des Prozesses wird die Folie wieder vom verwendeten Prägewerkzeug abgezogen, das sogenannte Entformen.

2.1.6 Prozessfenster des kontinuierlichen Heißprägeverfahrens

Process window of the continuous hot embossing process

Aus den Randbedingungen des kontinuierlichen Prozesses, die sowohl einen Einlauf der Folie in den Prägespalt bei einer Temperatur unterhalb der Glasübergangstemperatur als auch eine Entformung der Folie vom Prägewerkzeug unterhalb der Glasübergangstemperatur verlangen, ergibt sich vor dem Hintergrund der Thermodynamik von thermoplastischen Polymeren ein schmales Prozessfenster um die Glasübergangstemperatur herum. Dieses variiert in der Literatur von Temperaturen nahe der Glasübergangstemperatur (T_g+2°C [RANK17], T_g+5°C [SOHN13]) bis zu Temperaturen um T_g +50°C (T_g+47°C [DUMO12]) im Falle von konventionellen Anlagensystemen.

Der qualitative Verlauf der wesentlichen Prozessgrößen Druck und Temperatur in einem konventionellen Anlagensystem im Linienkontakt ist in Bild 2.4 dargestellt.

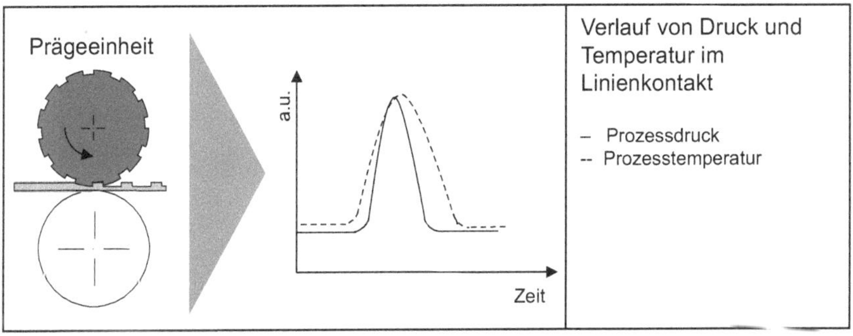

Bild 2.4: Schematischer Verlauf der Prozessgrößen Druck und Temperatur im Linienkontaktsystem
Schematic behaviour of process-temperature and -pressure in a line-contact based system

Aus dem konstruktiven Aufbau des Systems im Linienkontakt folgt eine schmale Zone mit hohem Druck und hoher Temperatur, welche sich im Wesentlichen auf die Abflachung des Walzenpaars aufgrund der Hertz'schen Pressung beschränkt. Aufgrund der notwendigen Zeit für die Wärmeübertragung von der Walze auf das Folienmaterial und der nachgelagerten Abkühlzeit hinkt der Temperaturverlauf des Folienmaterials dem Temperaturverlauf in der Anlage hinterher. Dies hat zur Folge, dass das Folienmaterial am Punkt des höchsten Drucks seine Maximaltemperatur ggf. noch nicht erreicht hat und folglich auch während der Entformung noch nicht wieder vollständig abgekühlt ist. Ein Anlagenaufbau auf Basis eines Linienkontaktsystems schränkt das Prozessfenster des thermischen Nanoimprintlithographie-Prozesses somit ein.

Aufgrund der beschriebenen Limitationen linienkontakt-basierter Anlagen wurden in den letzten Jahren in Industrie und Forschung unterschiedliche Verfahrensansätze erarbeitet, welche eine variotherme Prozessführung ermöglichen sollen. Zu diesem Zweck müssen im Wesentlichen zwei Anforderungen erfüllt werden.

- **Verlängerung der Prägezeit**
  Zur Nutzung eines größeren Prozessfensters bei gleichem thermischen Verhalten der involvierten Materialien muss die Prägezeit einer kontinuierlichen Anlage verlängert werden. Dies kann bei walzen-basierten Prägewerkzeugen beispielsweise durch einen höheren Umschlingungswinkel realisiert werden. Alternativ können flächige Anlagensysteme wie Doppelbandpressen verwendet werden.

- **Temperaturgradient während des Prägevorgangs**
  Neben der Verlängerung der Prägezeit ist es weiterhin notwendig, einen Temperaturgradienten während des Prägeprozesses zu erzeugen. Dies kann

entweder als graduale Temperierung unter Ausnutzung thermischer Relaxationseffekte oder als zonale Temperierung unter Verwendung einzelner Temperaturzonen innerhalb des Prozesses erzeugt werden. Die Charakteristika zonaler und gradueller Anlagensysteme sind in Abschnitt 2.3 genauer erklärt.

Auf Grundlage der dargestellten Herausforderungen der Prozessgrößen im thermischen Nanoimprintlithographie-Prozess wird im folgenden Unterkapitel der Stand der Maschinentechnik für die kontinuierliche T-NIL näher untersucht.

2.2 Maschinentechnik für die kontinuierliche T-NIL

Machine systems for the continuous T-NIL process

Im folgenden Unterkapitel werden die wichtigsten konstruktiven Varianten zur Ausgestaltung einer T-NIL-Prägeeinheit betrachtet. Zunächst werden verschiedene Möglichkeiten zur Umsetzung von Temperier- und Andruckeinheiten erläutert und mögliche Prägewerkzeuge genannt. Anschließend werden einige aus der Literatur bekannte Maschinenkonzepte für die kontinuierliche T-NIL vorgestellt. Diese werden zunächst in isotherme und variotherme Systeme aufgeteilt und die wesentlichen Merkmale dieser Anlagensysteme beschrieben. Aufgrund des Fokus der vorliegenden Arbeit auf variotherme Systeme werden diese noch einmal weiterführend in zonale und graduelle Anlagenkonzepte unterteilt. Zum Abschluss des Unterkapitels wird eine kurze Übersicht über industriell verfügbare T-NIL Systeme und deren Ausgestaltung gegeben.

2.2.1 Temperiersysteme

Temperature control systems

Die Präge- und teilweise auch Umlenkwalzen in kontinuierlichen T-NIL-Systemen müssen über die Glasübergangstemperatur des verwendeten Polymers temperiert werden können oder aber auf einer deutlich niedrigeren Temperatur gehalten werden, um die feste Phase des Materials beim Entformungsschritt zu gewährleisten. Der folgende Abschnitt soll einen Überblick über die gängigen Technologien zur Temperierung von Prägeeinheiten für die kontinuierliche T-NIL geben und listet die wichtigsten Systeme auf.

Flüssigkeitstemperierung

Die Flüssigkeitstemperierung von Walzen kann entweder durch Wasser oder mit Hilfe von Thermalölen realisiert werden. Aufgrund des niedrigen Siedepunktes sind die Einsatzmöglichkeiten von Wasser unter Normaldruck im Bereich der Prägeeinheiten begrenzt. Industrielle Systeme zur Temperierung mit Wasser können unter Druck Höchsttemperaturen bis ca. 225°C [SING 20b; GWK 20a] erreichen, was für eine große Bandbreite an relevanten thermoplastischen Materialien ausreichend ist. Die Temperierung mittels Wärmeträgeröl bietet eine Alternative, mit der höhere

Temperaturen realisiert werden können. Der Temperaturbereich von ölbasierten Systemen reicht hier bis etwa 350°C – 400°C [SING 20a; GWK 20b].

Die Erwärmung der Prägewalze kann bei der Flüssigkeitstemperierung entweder über eine innenliegende Spirale oder aber als einfache Sumpfkühlung erfolgen. In druckbeaufschlagten Systemen bieten Heizspiralen den Vorteil, dass die wirkenden Kräfte aufgrund der geringen Fläche relativ klein und gut kontrollierbar bleiben. In einer Ausführung als Sumpfkühlung können druckbeaufschlagte Flüssigkeitstemperiersysteme zu sehr hohen Kräften führen, welche hohe Anforderungen an die konstruktive Auslegung der Prägewalze und die Sicherheit der Anlage stellen. Bezüglich der zu erwartenden axialen Temperaturhomogenität hat die Spiralkühlung den Nachteil eines axialen Flusses, welcher geringe Temperaturgradienten über die Länge der Walze hervorrufen kann. Der tatsächlich auftretende Temperaturunterschied ist jedoch stark von der detaillierten Walzenkonstruktion und der Ausführung der Temperierungsspirale abhängig.

Elektrische Temperierung

Bei der elektrischen Temperierung von Prägewalzen kommen meist keramische Heizelemente zum Einsatz. Diese Heizelemente werden um die Walzenachse herum angeordnet und thermisch an den Prägekörper der Walze gekoppelt. Durch elektrische Widerstandsheizung werden die Elemente und somit der umliegende Walzenkörper erwärmt. Mit extrem hohen erreichbaren Temperaturen von bis zu 750°C [CART21] und hohen Heizraten von bis zu 150°C/s [WATL21] erfüllen keramische Heizelemente die Temperaturanforderungen zur Verarbeitung aller gängigen Thermoplasten. Da der Heizbereich solcher Elemente jedoch lokal stark begrenzt ist, müssen mehrere Heizelemente verwendet und konstruktive Maßnahmen getroffen werden, um die notwendigen Anforderungen an die Temperaturhomogenität erreichen zu können. Ein kontinuierliches Heißprägesystem auf Basis von keramischen Heizelementen wurde beispielsweise von Moon et al. 2015 vorgestellt. Hierbei wurden in einer Walze mit einem Durchmesser von 160 mm und einer Ballenbreite von 260 mm 16 keramische Heizelemente in einer mehrschaligen Zylinderkonstruktion verbaut. Die erreichte axiale Temperaturhomogenität betrug ± 1,45°C bei einer mittleren Walzentemperatur von etwa 195,5°C. [MOON15]

Bild 2.5 zeigt die schematische Darstellung einer Prägewalze mit keramischen Heizelementen nach Moon.

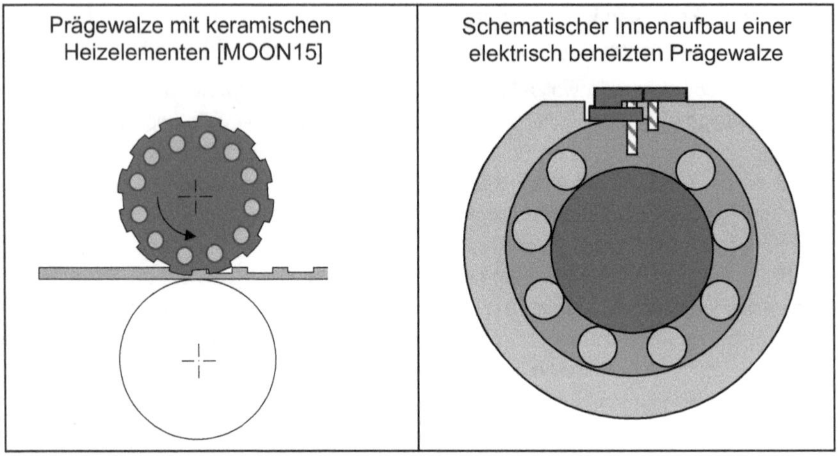

Bild 2.5: Schematische Darstellung einer Prägeeinheit auf Basis keramischer Heizelemente nach [MOON15]
Schematic of an embossing unit, based on ceramic heating elements

Temperierung mittels Strahlung

Die Temperierung mittels elektromagnetischer Strahlung erfolgt meist zur Vortemperierung des zu verarbeitenden Materials mit Hilfe von UV- oder Infrarotstrahlung. Eine direkte Temperierung des Prägewerkzeugs ist aufgrund der hohen Reflexionsgrade gängiger Werkzeugmaterialien wie Kupfer oder Nickel meist nicht sinnvoll.

Zur Temperierung des Folienmaterials werden jedoch häufig Infrarot- und seltener UV-basierte Systeme verwendet, da es unter UV-Strahlung zu Vergilbungseffekten im Folienmaterial kommen kann. Weiterhin ist die Infrarottransparenz gängiger Polymermaterialien gering, sodass ein hoher Wirkungsgrad erzielt werden kann, während die Transparenz im nahen UV-Bereich noch hoch ist.

Bild 2.6 zeigt zwei beispielhafte Anlagensysteme aus der Literatur, in denen UV- bzw. Infrarotstrahlung als Temperierungsmechanismen verwendet werden. Das links dargestellte System mit einem Induktionsheizer als wesentlichem Heizelement der Prägeeinheit wurde im Jahr 2009 von Fagan vorgestellt. [FAGA09] Das rechte System entstammt einer Veröffentlichung von Velten und nutzt einen Infrarotheizer zur Vortemperierung der Folie vor ihrem Eintritt in die Prägeeinheit. [VELT10]

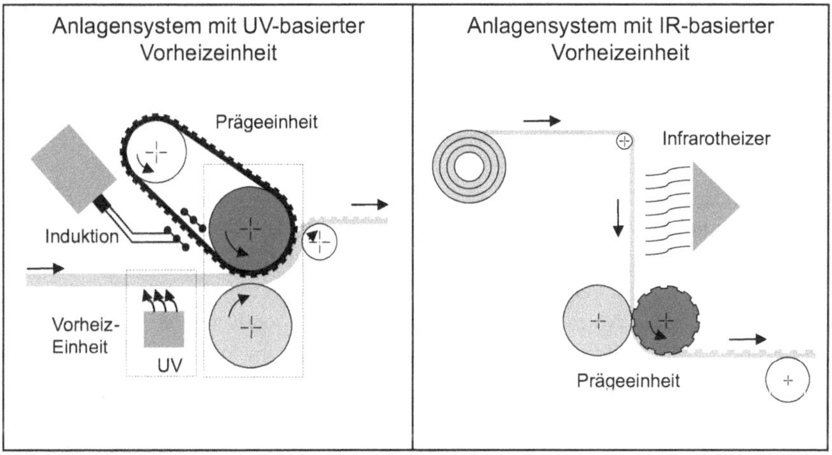

Bild 2.6: Anwendungen strahlungsbasierter Heizsysteme in kontinuierlichen T-NIL-Anlagen nach [FAGA09] und [VELT10]
Applications of radiation based heating systems in continuous T-NIL machines

Induktive Temperierung

Alternativ zu den bisher genannten Verfahren können die eingesetzten Prägewalzen auch induktiv temperiert werden. Dabei wird eine Induktionsspule so in die Prägewalze eingebracht, dass der induzierte Wärmeeintrag hauptsächlich auf der innenliegenden Mantelfläche der Prägewalze stattfindet.

Um den Wärmetransport zu begünstigen, werden für die innenliegende Anwendung meist niederfrequente Induktionssysteme mit Frequenzen unter 100 Hz verwendet. [JANG03; YUN12]. Die erreichbare Temperatur mittels induktiver Heizung ist theoretisch nur durch die thermischen Verluste des Systems bestimmt. In einem solchen Heizsystem von Yun et al. wird nach einer Analyse des thermischen Verhaltens der beschriebenen Prägewalze eine maximale Temperatur von 340°C angegeben. [YUN12] Somit sind Heizsysteme mittels innenliegender Induktionsheizer für eine hohe Bandbreite an gängigen Thermoplasten geeignet und können potenziell auch zur Verarbeitung von Hochtemperatur-Thermoplasten eingesetzt werden.

Die induktive Temperierung mit einem außerhalb des Prägewerkzeugs angebrachten Induktor wird im Zusammenhang mit der kontinuierlichen T-NIL erstmals in [FAGA09] erwähnt. Hierbei wird das Prägewerkzeug in Form eines strukturierten Gurtes durch die Induktionsspule geführt und somit optimal erwärmt. Die konstruktive Anordnung außenliegender Induktionsheizer ist meist kurz vor der Prägestelle. Um die Eindringtiefe gering zu halten und den Skin-Effekt zu nutzen, kommen in diesem Bereich eher Mittelhochfrequenzsysteme mit Frequenzen < 100 kHz zum Einsatz. [HOPM18; MICH12; FAGA09]

2.2.2 Prägewerkzeuge

Embossing tools

Die Ausführung des Prägewerkzeugs kann signifikante Unterschiede im thermischen Verhalten des Prägevorgangs sowie des gesamten Prozessablaufs hervorrufen. Grundsätzlich lassen sich die Prägewerkzeuge für die kontinuierliche T-NIL in zwei Kategorien unterteilen. In den meisten Fällen werden auf unterschiedliche Art und Weise strukturierte Walzen als Prägewerkzeug verwendet. In einigen neueren Anlagenkonzepten kommen jedoch auch vermehrt strukturierte Gurte zum Einsatz. Eine Sonderform der Strukturierung stellen hier zylinderförmig geschweißte Nickelbänder dar, welche auf eine Walze gezogen werden. Die gängigen Konzepte für Prägewerkzeuge und deren Strukturierungsmöglichkeiten werden im folgenden Abschnitt beschrieben.

Strukturierte Prägewalze

Die häufigste Form eines Prägewerkzeugs für die kontinuierliche T-NIL ist eine strukturierte Walze. Aufgrund der hohen Anforderungen an die Strukturmerkmale im einstelligen µm-Bereich oder darunter kommen jedoch nur wenige Fertigungsverfahren für die Herstellung solcher Prägewerkzeuge in Frage.

Möglichkeiten, solche Prägewalzen mittels spanender Verfahren herzustellen, bieten das Präzisionsfräsen sowie die ultrapräzise Diamantzerspanung. Durch die Bearbeitung der Prägewerkzeuge mit geometrisch bestimmter Schneide können lineare Strukturen oder Kombinationen daraus mit Geometriemerkmalen im einstelligen µm-Bereich hergestellt werden. Insbesondere beim Ultrapräzisions-Drehverfahren können weiterhin Oberflächen in optischer Qualität mit unter 20 nm Ra Rauheit hergestellt werden, was diese Art der Herstellung insbesondere für optische Anwendungen interessant macht. Ein typisches Beispiel für solche Strukturen sind vierseitige Mikroprismen, welche als „Brightness-Enhancement-Filme“ zum Einsatz kommen. [LIN 11a] Weiterhin können durch Fast-Tool unterstütztes Drehen auch nicht-rotationssymmetrische Geometrien wie Mikrolinsen-Arrays gefertigt werden. [HUAN18]

Auch im Größenbereich unter einem Mikrometer kommt die Herstellung großflächiger Strukturen im Diamantdrehprozess in Frage. Sich stetig verbessernde Maschinentechnik und adaptive Fertigungsverfahren auf Basis von optischen Sensoren tragen hier wesentlich zur Genauigkeitssteigerung bei. [DORM22]

Müssen höhere Aspektverhältnisse realisiert werden, als im Drehprozess aufgrund des begrenzten Freiwinkels von Diamantwerkzeugen möglich, bieten Diamant-Fräsprozesse eine Alternative. In der Forschungslandschaft finden außerdem andere experimentelle Verfahren wie das „Nanocoining“ [CATE21] oder das „Microchiseling“ [YANG20] Anwendung, welche bisher aber nicht industriell zum Einsatz kommen und eher ein Randgebiet darstellen.

Alternativ zu spangebenden Verfahren können Prägewalzen auch mittels Laser strukturiert werden. Dabei kann die Oberfläche sowohl mittels klassischer Laserablation als auch mittels Interferenz-basierter Verfahren strukturiert werden. [RANK17] Die erreichbare Oberflächenqualität ist jedoch geringer als bei spangebenden Verfahren mit Diamantwerkzeugen.

Sleeve-Walze

Können die gewünschten Mikrostrukturen aufgrund geometrischer Beschränkungen nicht in spanenden Fertigungsverfahren hergestellt werden, kommen lithographische Verfahren zum Einsatz. Dabei werden meist kleine Flächen entweder in Silizium-Wafern oder Fotolacksystemen mit Hilfe von Masken (Maskenlithographie) oder unter Ausnutzung von Interferenz-Effekten (Interferenzlithographie) strukturiert. Weitere Möglichkeiten zur Strukturierung geringer Flächengebiete bieten die Elektronen- oder Ionenstrahlablation und die Zwei-Photonen-Lithographie.

Die Größe von lithographisch hergestellten Formwerkzeugen ist meist auf die Fläche handelsüblicher Wafer (Ø < 300 mm) beschränkt [SIEG21]. Daher werden die hergestellten Flächen zunächst in diskontinuierlichen Replikationsverfahren wie dem mehrschrittigen Heißprägeverfahren vergrößert und anschließend elektrochemisch in einen sogenannten Nickel Shim übertragen. Dabei wird ein Substrat metallisiert und in einem Elektrolytbad als Kathode verwendet. Mit Hilfe einer Nickel-Anode wird eine ca. 100 µm dicke Nickelschicht auf dem Substrat abgeschieden und anschließend entformt. Die so entstandene Kopie wird zylindrisch geschweißt und kann dann als „Sleeve" auf Replikationswalzen aufgezogen werden.

Zusätzlich zu den Skalierungsmöglichkeiten von lithographischen Strukturen bieten Sleeves die Möglichkeit, dieselbe Grundwalze für mehrere Strukturen verwenden zu können, ohne diese mechanisch überarbeiten zu müssen. Daher werden Sleeves auch teilweise direkt strukturiert verwendet und beispielsweise mittels Laserstrukturierung hergestellt. [RANK17]

Bild 2.7 zeigt die Prozesskette zur Herstellung eines Nickel-Sleeves.

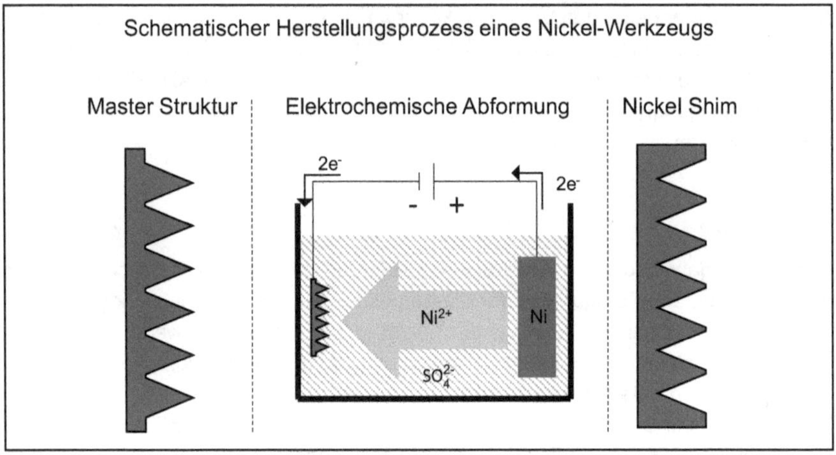

Bild 2.7: Schematischer Herstellungsprozess eines Nickel Shims
Schematic of the Nickel Shim process

Strukturierte Gurte

Strukturierte Gurte als Prägewerkzeuge für die kontinuierliche T-NIL sind eher auf Sondermaschinen im Forschungsbetrieb als auf industriellen Anlagen zu finden. Die Art und Weise der Herstellung gleicht der von Nickel Shims für Sleeve-Walzen. Im Gegensatz zur Herstellung von Sleeves werden diese allerdings zu einem längeren Gurt geschweißt, welcher in der Anlage um mehrere Umlenkwalzen läuft. Ein beispielhafter Systemaufbau dafür ist die Doppelbandpresse.

Soft-Mold

In Ergänzung zu den üblicherweise zum Einsatz kommenden metallischen Prägewerkzeugen gibt es im Forschungsumfeld einige Ansätze, polymerbasierte Replikationswerkzeuge herzustellen, sogenannte Soft-Molds. Dabei werden strukturierte Polymere mit Hilfe von Klebstoff auf einen metallischen Walzenkörper aufgebracht und können anschließend im kontinuierlichen Heißprägeverfahren abgeformt werden. [KODI19]

2.2.3 Andruckeinheiten

Pressure control systems

Neben der Temperiereinheit stellt die Ausgestaltung der Andruckeinheit ein wichtiges Merkmal für den kontinuierlichen T-NIL-Prozess dar. Die von der Andruckeinheit im Wesentlichen beeinflusste Prozessvariable ist der Prägedruck, welcher nach Gleichung (2.2) einen antiproportionalen Einfluss auf die benötigte Prägezeit und damit das Prägeergebnis hat. Weiterhin kann die konstruktive Ausgestaltung der

Prägeeinheit die zur Füllung der Kavitäten verfügbare Prägezeit beeinflussen, welche ebenfalls maßgeblichen Einfluss auf die Möglichkeiten der Prozessführung hat.

Im Folgenden wird zwischen zwei grundsätzlichen Arten der Ausgestaltung einer Prägeeinheit unterschieden. Dabei werden die aus der Literatur bekannten Konzepte in Linienkontakt-Systeme und flächige Systeme unterteilt.

Linienkontakt-Systeme

Linienkontakt-Systeme stellen die häufigste Form von Prägeeinheiten in T-NIL-Systemen dar. Hierunter werden Andruckeinheiten verstanden, welche auf dem balligen Kontakt von zwei Walzen beruhen. Typischerweise stellt dabei eine Walze das strukturierte Prägewerkzeug und eine Walze einen unstrukturierten, pneumatisch oder elektromechanisch angetriebenen Andruckzylinder dar. Zwischen den beiden Walzen ergibt sich nach der Hertz'schen Pressung eine von Material und Durchmesser der teilnehmenden Walzen abhängige Andruckfläche, welche zusammen mit der Andruckkraft den Prägedruck bestimmt. Aufgrund der meist sehr kleinen Werte dieser Andruckfläche wird dieser Aufbau einer Prägeeinheit idealisiert als „Linienkontakt“ bezeichnet.

Zur Vergrößerung der Kontaktfläche und zur Vermeidung von Schäden an der strukturierten Walze durch die auftretenden Kräfte werden Andruckwalzen meist durch Vulkanisation mit einem Elastomer beschichtet. Solche Systeme mit gummierten Andruckwalzen kommen beispielsweise in [VELT10; HABE 92a; SHAN16] zum Einsatz.

Flächige Systeme

In kontinuierlichen T-NIL-Prozessen können flächige Andrucksysteme nur über Bandsysteme realisiert werden, welche sich entweder im flächigen Kontakt mit einem strukturierten Band befinden oder eine Prägewalze umschlingen. Je nach Anforderung des Prozesses können dabei Kunststoff- oder Metallbänder zum Einsatz kommen. Während Kunststoffbänder Vorteile in Bezug auf die Materialermüdung und den Preis bieten, sind die Einsatztemperaturen solcher Bänder durch die Glasübergangstemperatur des Materials im Falle von Thermoplasten, oder die Zersetzungstemperatur des Bandes im Falle von Duroplasten begrenzt. Weiterhin beinhalten Kunststoffbänder Gewebeschichten, die sich bei Dauerbeanspruchung an der Oberfläche abbilden und die Qualität des Prägeergebnisses beeinträchtigen können.

Metallbänder für Prägeeinheiten werden überwiegend aus Stahl hergestellt. Neben der Unempfindlichkeit gegenüber typischen Prozesstemperaturen sowie der Möglichkeit, hohe Prozesskräfte zu nutzen, zeichnen sich Stahlbänder auch dadurch aus, dass sie mit hohen Oberflächengüten und Rauheiten von bis zu 10 nm Ra hergestellt werden können [IPCO18].

Die in der Literatur vorhandenen flächigen Andrucksysteme setzen meist auf eine Kombination aus einem Prägespalt zwischen zwei Walzen und einem flächigen System, wobei der primäre Prägedruck am Spalt aufgebracht wird und das Band die Folie weiterhin im Kontakt hält. Der Grund hierfür liegt in den hohen notwendigen Prozessdrücken, welche sich aufgrund der großen Fläche eines Bandes in Kräfte übersetzen, welche die maximale Zugspannung des Bandes unter Berücksichtigung typischer Walzenradien überschreiten würden. Beispiele für solche Systeme finden sich in [PENG16; SHAN17].

2.3 Anlagenkonzepte

Machine concepts

Nach der vorangegangenen Betrachtung allgemeiner Komponenten von Systemen für die thermische Nanoimprintlithographie werden im folgenden Unterabschnitt relevante Anlagenkonzepte aus Forschung und Industrie näher betrachtet. Aufgrund des Schwerpunktes der vorliegenden Arbeit werden besonders Maschinenkonzepte, welche variotherme Verfahren realisieren, näher beschrieben.

Um eine klare Unterscheidung der dargestellten Anlagensysteme zu ermöglichen, werden zunächst Kriterien definiert, anhand derer die vorgestellten Systeme in Kategorien unterteilt werden können. Hierbei wird zunächst in iso- und variotherme Systeme unterschieden. Die Anlagenklasse der variothermen Systeme wird noch einmal in die Unterkategorien zonaler und gradueller Anlagensysteme unterteilt.

2.3.1 Definition relevanter Anlagentypen

Definition of relevant types of production systems

Isotherme Anlagenkonzepte

Als isotherme Systeme werden Anlagenkonzepte beschrieben, in denen der Umformprozess des Polymers in einem Prozessschritt mit annährend gleichbleibender Temperatur stattfindet. Der am weitesten verbreitete konstruktive Aufbau einer isothermen Prägeeinheit besteht aus einer Andruck- sowie einer Prägewalze, die gegeneinander gedrückt werden und so eine Klemmstelle bilden. Die zu strukturierende Folie wird durch diese Klemmstelle geführt und dabei durch Druck- und Temperatureinwirkung umgeformt.

Nach der Hertz'schen Kontakttheorie errechnet sich die Zeit der Prägung aus der Abflachung der im Kontakt stehenden Walzen und der Bandgeschwindigkeit der Anlage. Im Falle typischer Walzengrößen und -materialien ist mit einer Abflachung im Millimeterbereich oder darunter zu rechnen, womit sich im Zusammenhang mit einer typischen Bandgeschwindigkeit von ca. 1 m/min eine Prägezeit von weniger als 100 Millisekunden ergibt. Aufgrund der somit sehr kurzen Kontaktzeit mit dem Prägewerkzeug wird die Temperatur des Werkzeugs konstant gehalten und kann als „isotherm“ bezeichnet werden.

Ein isothermes Anlagenkonzept wird durch die folgenden Eigenschaften charakterisiert.

- Das Prägewerkzeug besitzt keinen anlagenseitig induzierten Temperaturgradienten.
- Die Prägeeinheit ist meist als Linienkontakt-System ausgeführt.
- Die Zeit der Materialumformung liegt, abhängig von der Bandgeschwindigkeit, unter 1 Sekunde.

Variotherme Anlagenkonzepte

Im Zuge neuerer Veröffentlichungen im Bereich der kontinuierlichen T-NIL ist das verstärkte Auftauchen alternativer Anlagenkonzepte zu beobachten. Eine wesentliche Gemeinsamkeit dieser Veröffentlichungen ist der Versuch, durch konstruktive Veränderungen des klassischen T-NIL Systems kontinuierliche, variotherme Prägeprozesse zu ermöglichen.

Als variotherme Systeme werden in der vorliegenden Arbeit Anlagenkonzepte definiert, bei denen während des Prägeprozesses ein Temperaturgradient vorliegt. Die hier relevanten Systeme können noch einmal weiter unterteilt werden in zonale und graduelle Konzepte.

Zonale Anlagenkonzepte

Das Wort „zonal" (lat. zona) wird als „eine Zone betreffend" definiert [CORN 23b]. Im Kontext der vorliegenden Arbeit werden solche Anlagenkonzepte, die aus mehreren Abschnitten mit Temperierungsmechanismen, welche nicht die thermische Relaxation als vorrangigen Temperierungsmechanismus nutzen, bestehen, als „zonale Anlagenkonzepte" definiert. Bei zonalen Anlagenkonzepten wird kein Temperaturgradient auf dem Prägewerkzeug erzeugt, sondern beim Durchlaufen der Folie durch unterschiedlich temperierte Bereiche der Anlage. Diese Konzepte zeichnen sich dadurch aus, dass klar voneinander abgegrenzte Temperaturzonen vorhanden sind, die über unterschiedlich temperierte Walzen oder den Einsatz einer Kühlung auf der Folienrückseite realisiert werden. Weiterhin werden unter dieser Definition nur Anlagenkonzepte aufgeführt, welche zur thermoplastischen Umformung von Folien genutzt werden.

Graduelle Anlagenkonzepte

Das Wort „graduell" (franz. „graduel") wird als „gradweise, allmählich" definiert [CORN 23a]. Im Kontext der vorliegenden Arbeit werden solche Anlagenkonzepte, die unter Ausnutzung thermischer Relaxationseffekte einen kontinuierlich verlaufenden Temperaturgradienten erzeugen, als „graduelle Anlagenkonzepte" definiert. Diese unterscheiden sich von zonalen Konzepten insofern, als dass der auftretende Temperaturgradient kontinuierlich und über das Prägewerkzeug erzeugt wird. Ein Beispiel stellt hier die Aufheizung mittels eines außenliegenden Induktionsheizers dar. Dieser heizt das Prägewerkzeug lokal auf und lässt es im Kontakt mit der Folie abkühlen, sodass die Temperatur des Prägewerkzeugs beim Folien-Ein- und -Auslauf unterschiedlich ist.

Weiterhin werden unter dieser Definition nur Anlagenkonzepte aufgeführt, welche zur thermoplastischen Umformung von Folie genutzt werden.

Die wesentlichen Charakteristika der definierten Kategorien lassen sich wie folgt zusammenfassen.

Zonale Anlagenkonzepte

- lassen sich in klar voneinander abgegrenzte Temperaturzonen unterteilen.
- besitzen innerhalb einer Temperaturzone isotherm temperierte Präge- oder Umlenkwalzen.

Graduelle Anlagenkonzepte

- nutzen die Restwärme eines vorgelagerten Heizsystems aus.
- besitzen ein Prägewerkzeug, welches im Kontakt mit der Folie abkühlt.

In den folgenden Unterabschnitten werden einige aus der Literatur bekannte Anlagenkonzepte aus den genannten Kategorien exemplarisch vorgestellt. Diese sind so ausgewählt, dass sie möglichst viele in der Forschung befindliche Konzepte repräsentieren. Weiterhin wird ein Überblick über industriell verfügbare Anlagenkonzepte gegeben.

2.3.2 Maschinentechnik isothermer Anlagenkonzepte

Technology of isothermal machine concepts

Isotherme Anlagenkonzepte für die T-NIL sind seit vielen Jahren der Standard für die kontinuierliche Replikation von Mikro- und Nanostrukturen in Industrie und Forschung. Die erste bekannte Veröffentlichung zur kontinuierlichen Replikation von Mikrostrukturen mittels eines isothermen Anlagenkonzeptes stammt bereits aus dem Jahre 1973 und stellt die kontinuierliche T-NIL als Herstellungsmethode für Hologrammfolien dar. [HANN73] Die Prägeeinheiten früher Systeme bestehen dabei lediglich aus einer Prägewalze und einer Andruckwalze, wie in Bild 2.8 dargestellt.

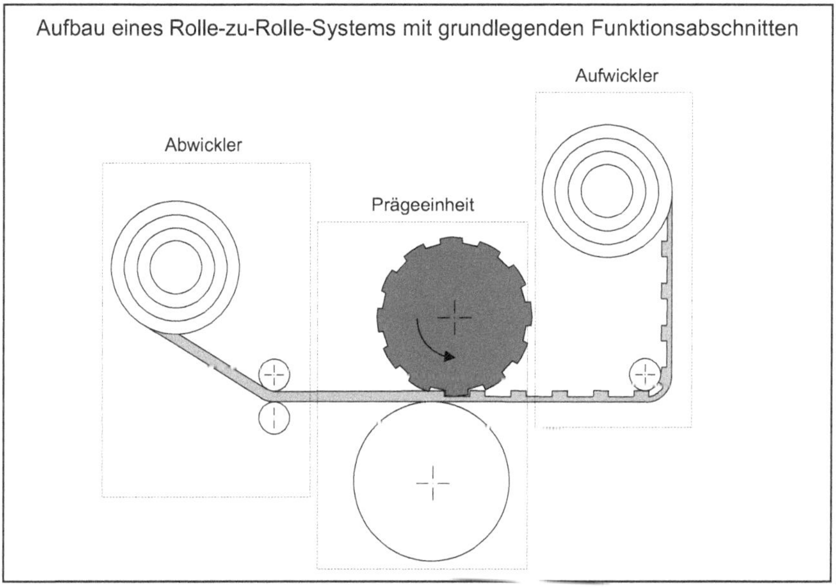

Bild 2.8: Klassisches Rolle-zu-Rolle T-NIL-System mit isothermer Prägeeinheit nach [GALE97]
Conventional roll-to-roll T-NIL system with an isothermal embossing unit

In den meisten aus der Literatur bekannten Systemen, in denen die konstruktive Ausführung der Prägeeinheit explizit beschrieben ist, werden pneumatische Zylinder zum Aufbringen des Prägedrucks genutzt. Dabei kommen entweder gummierte Andruckwalzen oder Stahlwalzen zum Einsatz. Zusätzlich zum in Bild 2.8 schematisch dargestellten System werden dabei verschiedene Vorheizsysteme genutzt. Zudem verwenden alle Systeme, in denen dies explizit erwähnt ist, Nickel-Sleeve-basierte Prägewerkzeuge. Dies ist jedoch nicht auf ein grundsätzliches Hindernis bei der Verwendung anderer Prägewalzen, sondern auf die verwendeten Testgeometrien zurückzuführen. Systeme ähnlich Bild 2.8 sind zu finden in [DUMO12; GALE97; SOHN13; VELT10; VELT11; HABE19].

2.3.3 Maschinentechnik zonaler Anlagenkonzepte

Technology of zone-based production systems

Ein vielschichtiges zonales Anlagenkonzept wurde von Peng et al. im Jahr 2016 vorgestellt. Hier wird die Folie zunächst durch einen mehrstufigen Vorheizprozess erwärmt und anschließend mittels einer Prägewalze strukturiert. Während des Prägevorgangs wird die Kontaktzeit des Prägewerkzeugs mit der Folie durch eine Formerhaltungseinheit mit variablem Umschlingungswinkel verlängert, bevor die Folie über eine gekühlte Walze laufend entformt wird. [PENG16] Dieses System ist in Bild 2.9 schematisch dargestellt.

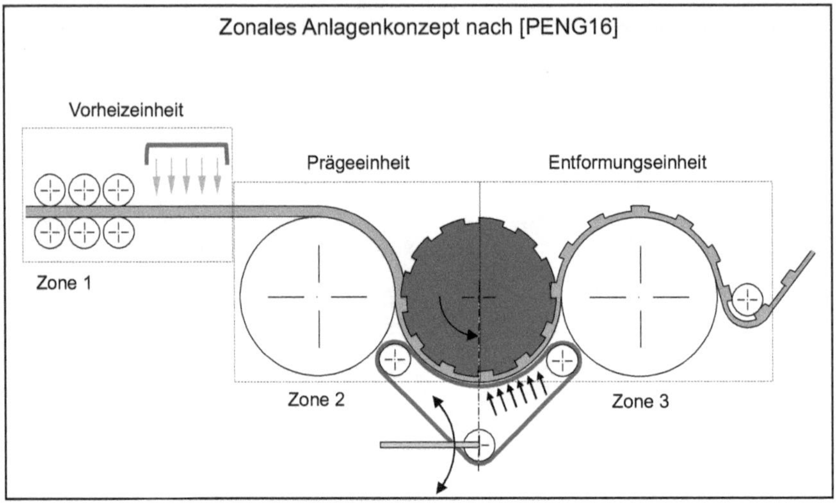

Bild 2.9: Zonales Anlagenkonzept nach [PENG16]
Zone-based machine concept

Das Anlagenkonzept von Peng et al. kann in drei Zonen mit kontrollierten Temperaturen eingeteilt werden. In Zone 1 wird die Folie mit Hilfe temperierter Walzen und eines Infrarotstrahlers erwärmt und anschließend in Zone 2, die Prägeeinheit, eingeführt. Die Prägeeinheit besteht aus einer strukturierten Prägewalze, einer Andruckwalze und einem Gurtsystem zur Aufrechterhaltung eines gewissen Andrucks während des Prägevorgangs. Die Temperatur der Prägeeinheit ist dabei wesentlich von der Temperatur der Prägewalze bestimmt, welche die einzige Wärmequelle innerhalb von Zone 2 darstellt. Ab einem Umschlingungswinkel der Prägewalze von mehr als 90° wird das Gurtsystem rückseitig über Druckluft-Düsen gekühlt. Die zweite Hälfte der Prägewalze bildet, zusammen mit der ebenfalls gekühlten Umlenkwalze am Ende der Prägeeinheit, die dritte Zone des Systems. [PENG16]

Ein weiteres zonales, variothermes Anlagenkonzept wurde im Jahr 2017 von Shan et al. vorgestellt. Während im System von Peng et al. eine strukturierte Walze als Prägewerkzeug genutzt wird, verwenden Shan et al. einen strukturierten Gurt. Die verschiedenen Heizzonen werden hierbei von temperierten Walzen erzeugt. Das vorgestellte System ist exemplarisch in Bild 2.10 dargestellt.

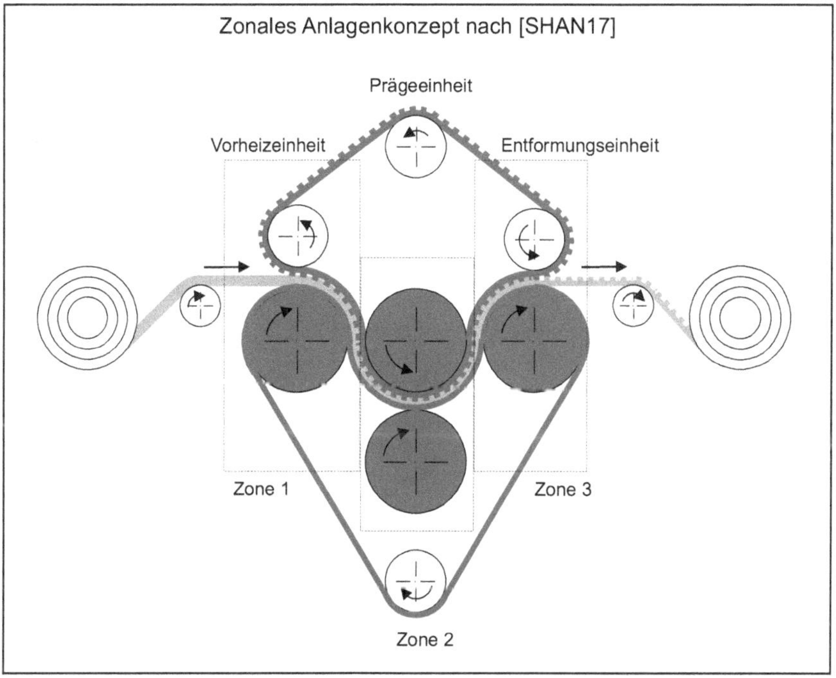

Bild 2.10: Zonales Anlagenkonzept mit Doppel-Gurtsystem nach [SHAN17]
Zone based machine-concept with a double-belt system

Wie beim Anlagenkonzept von Peng et al. kann das von Shan et al. vorgestellte Konzept in drei Temperaturzonen mit identischer Funktionalität unterteilt werden. Dabei werden alle in Bild 2.10 grau dargestellten Walzen über ein elektrisches Heizelement individuell temperiert. [SHAN17]

Im Gegensatz zu Peng et al. wird hier jedoch ein strukturierter Gurt verwendet. Dessen geringere Wärmekapazität erlaubt eine schnelle Anpassung an die Temperatur der Umlenkwalzen und ermöglicht höhere Temperaturunterschiede zwischen den einzelnen Zonen. Auch in Bezug auf das Gesamtsystem können somit höhere Temperaturunterschiede realisiert werden.

Weiterführende Literatur zu zonalen, variothermen T-NIL Systemen sind in [SHAN12; YI18; HABE 92b] zu finden. Diese enthalten im Gegensatz zu den beiden vorgestellten Systemen jedoch keine wesentlichen neuen Aspekte und werden daher im Rahmen dieser Arbeit nicht weiter behandelt.

2.3.4 Maschinentechnik gradueller Anlagenkonzepte

Technology of thermal gradient based production concepts

Das erste graduelle Anlagenkonzept wurde im Jahre 2009 von Fagan et al. vorgestellt. In dieser Forschungsanlage wird ein strukturierter Nickel-Gurt durch einen Induktionsheizer geführt und anschließend mit der zu bearbeitenden Folie in Kontakt gebracht. Durch die geringe Wärmekapazität des Nickel-Gurtes und die durch den Umschlingungswinkel der Prägewalze erhöhte Prägezeit wird dabei ein kontinuierlicher Temperaturgradient realisiert. Zur besseren Ausnutzung des thermischen Gradienten wird das Folienmaterial mit Hilfe einer UV-Strahlungsquelle vorgeheizt. [FAGA09]

Bild 2.11 zeigt das von Fagan et al. vorgestellte System.

Graduelles Anlagenkonzept nach [FAGA09]

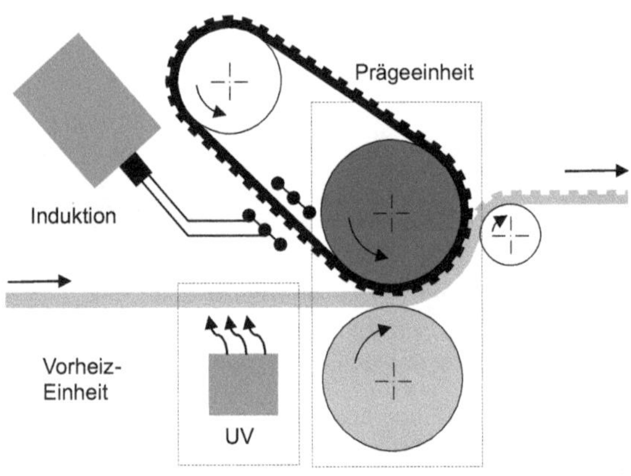

Bild 2.11: Graduelles Anlagenkonzept nach [FAGA09] mit einem induktiv beheizten Gurt
Gradient based machine concept with an induction heated belt

Im Vergleich zu den in Abschnitt 2.3.3 vorgestellten zonalen Anlagenkonzepten enthält das von Fagan et al. vorgestellte Konzept mehrere neue Aspekte. Ähnlich wie im von Shan et al. vorgestellten Anlagenkonzept wird ein strukturierter Gurt als Prägewerkzeug verwendet. Dieser wird durch eine Induktionsspule erwärmt und anschließend in einer 90°-Umschlingung um die Prägewalze geführt. Aufgrund der geringen Dicke von 0,23 mm besitzt der Gurt nur eine geringe Wärmekapazität und kühlt sich während des Kontaktes mit der Folie bereits ab, womit innerhalb der Prägeeinheit ein kontinuierlicher Temperaturgradient entsteht. [FAGA09]

Ein weiteres graduelles Anlagenkonzept im Zusammenhang mit dem Extrusionsheißprägen wurde im Jahre 2012 von Michaeli et al. vorgestellt. In diesem System wurde mit Hilfe einer Laser-Strahlquelle die Oberfläche einer mikrostrukturierten Prägewalze lokal aufgeheizt und der während der Abkühlung entstehende Temperaturgradient zur verbesserten Prozessführung genutzt. Der schematische Aufbau des entwickelten Systems sowie die Temperaturkurve eines typischen Prozessverlaufes sind in Bild 2.12 dargestellt.

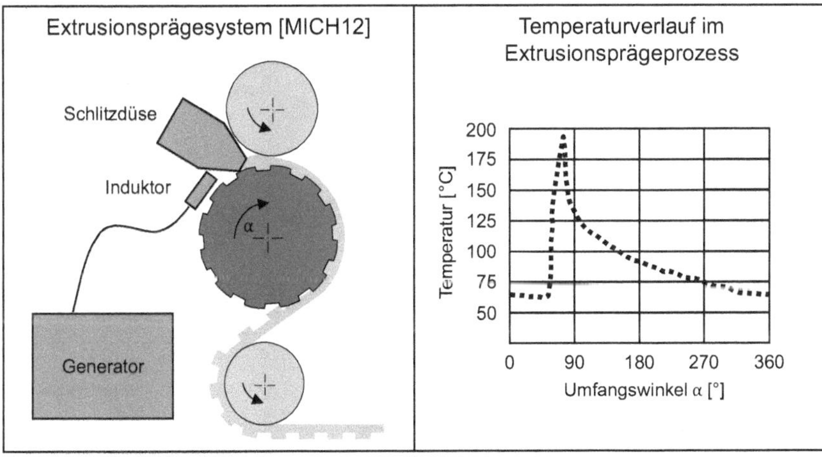

Bild 2.12: Variothermer Extrusions-Heißprägeprozess nach [MICH12]
Variothermal extrusion hot-embossing process

Bei dem von Michaeli et al. vorgestellten Konzept handelt es sich im Gegensatz zu den bisher vorgestellten Konzepten nicht um ein Umformverfahren, sondern um ein Urformverfahren. Durch eine Schlitzdüse wird das zu strukturierende Polymer direkt in einen Spalt zwischen Präge- und Andruckwalze extrudiert und anschließend in einem Winkel von nahezu 180° um die Prägewalze geführt. Vor der Schlitzdüse befindet sich dabei eine externe Wärmequelle, die in der zitierten Veröffentlichung entweder in Form einer Laser-Strahlquelle oder in Form eines Induktionsheizers ausgeführt ist. Hierbei konnten trotz eines kontinuierlichen Prozesses im Falle der Laser-Quelle Temperaturunterschiede von bis zu 50 K realisiert werden. Bei der Prozessführung mit Hilfe eines außenliegenden Induktionsheizers konnten Gradienten von etwa 15 K erreicht werden. Mit Hilfe der lokal eingebrachten Wärme der Laserstrahlquelle bzw. des Induktionsheizers können hohe Prozesstemperaturen nahe der Schlitzdüse erreicht werden. Durch das kontinuierliche Abkühlen des Polymers im Kontakt mit der Prägewalze wird gleichzeitig sichergestellt, dass die extrudierte Folie als festes Material entformt werden kann. [MICH12]

2.3.5 Industrielle Systeme

Industrial systems

Im Forschungsumfeld werden oftmals spezialisierte Anlagenkonzepte verwendet, welche von der Forschungseinrichtung selbst konzipiert wurden. Kommerzielle Anbieter für kontinuierliche T-NIL-Systeme sind noch relativ selten und bieten meist wenige verschiedene Standardsysteme an. In Bild 2.13 sind einige industriell verfügbare Anlagen dargestellt.

Coatema Coating Machinery GmbH [COAT14]		Carpe Diem Tech [CARP21a, CARP21b]	
	**Basecoater 3G** **Materialbreite** 100 mm – 2.000 mm **Bahn-geschwindigkeit** k.A. **T-NIL Einheit** Linienkontakt, isotherm		**R2R-NIL-System** **Materialbreite** 150 mm – 300 mm **Bahn-geschwindigkeit** 0,1 m/min – 20 m/min **T-NIL Einheit** k.A., zonales Konzept
PTMTEC Oy [PTMT21]		PEMS Co., Ltd. [PEMS21]	
	**R2R 100T** **Materialbreite** 100 mm – 200 mm **Bahn-geschwindigkeit** 0,1 m/min – 5 m/min **T-NIL Einheit** Linienkontakt, isotherm		**RIP-300** **Materialbreite** k.A. **Bahn-geschwindigkeit** 6,6 m/min **T-NIL Einheit** Linienkontakt, isotherm

Bild 2.13: Beispielhafte Zusammenstellung industrieller R2R-T-NIL-Systeme nach [COAT14; CARP 21b; CARP 21a; PTMT21; PEMS21].
Exemplary composition of industrial R2R-T-NIL-machines

Die Coatema Coatings Machinery GmbH ist ein Anlagenbauer für Anlagen aus den Bereichen Beschichten, Drucken und Laminieren und gehört zur Altonaer Technologie Holding GmbH. In Bild 2.13 oben links ist die Anlage „Basecoater 3G" zu sehen, welche sowohl für UV-NIL als auch für T-NIL verwendet werden kann. Im Falle der T-NIL besteht die Prägeeinheit aus einem isothermen Linienkontaktsystem. [COAT21; COAT14]

Carpe Diem Tech Inc. ist ein amerikanischer Anlagenbauer für Anlagen im Bereich Drucken, Beschichten und Strukturieren. In Bild 2.13 oben rechts ist das von Carpe Diem Tech vertriebene R2R-NIL-System zu sehen. Die Prägewalze kann laut Produktbeschreibung in bis zu neun einzeln beheizbare Segmente unterteilt werden und stellt damit das einzig bekannte und industriell verfügbare variotherme Anlagenkonzept dar. [CARP 21b; CARP 21a]

PTMTEC Oy ist ein finnischer Hersteller von Labor- und Sonderlösungen für die kontinuierliche Nanoimprintlithographie. Dabei werden sowohl UV-NIL- als auch T-NIL-Systeme als Tisch- oder Laborlösungen angeboten. Die Prägeeinheit der angebotenen Systeme besteht dabei aus einem isothermen Linienkontaktsystem. Das sowohl für die T-NIL als auch für die UV-NIL nutzbare System „R2R 100T“ ist links unten in Bild 2.13 dargestellt. [PTMT21]

Die Firma PEMS (Printed Electro Mechanical Systems) Co. Ltd ist ein koreanischer Hersteller von Druck- und Beschichtungsmaschinen. Im Bereich der kontinuierlichen T-NIL bietet PEMS das in Bild 2.13 unten rechts dargestellte RIP-300 System an. Die Prägeeinheit ist hier als isothermes Linienkontaktsystem ausgeführt. [PEMS21]

2.4 Anwendungsspektrum

Application scenarios

Nach der Vorstellung der Anlagentechnik in den vorangegangenen Abschnitten soll im folgenden Abschnitt ein Überblick über das Anwendungsspektrum der im T-NIL Prozess herstellbaren Mikrostrukturen getroffen werden. Die relevanten technologischen Bereiche sind in die Unterabschnitte Optik und Photonik, Medizin und Life-Sciences, Bionik und Sensorik unterteilt. Die Auflistung der Anwendungsfälle beschreibt einige relevante Beispiele und erhebt keinen Anspruch auf Vollständigkeit.

2.4.1 Optik und Photonik

Optics and Photonics

Der größte Anwendungsbereich von mikrostrukturierten Folien liegt im Bereich der Optik und Photonik. Dabei erstreckt sich das Gebiet der herstellbaren Mikro- und Nanostrukturen von Anwendungen zur allgemeinen Lichtleitung bis hin zu nanoskaligen Strukturen für die Herstellung antireflektiver Oberflächen.

Der Bereich der allgemeinen Lichtleitung kann in zwei unterschiedliche Segmente aufgeteilt werden. Im ersten Segment des genannten Anwendungsbereiches sollen konventionelle optische Elemente zur Realisierung allgemeiner Funktionalitäten wie Beleuchtung oder Abbildung miniaturisiert werden. Dort werden keine grundsätzlich neuen Funktionalitäten erzeugt, sondern bestehende optische Elemente durch miniaturisierte Alternativen substituiert.

Beispiele hierfür stellt die Substitution volumetrischer Linsen durch Fresnellinsen oder Mikrolinsenarrays dar. In dieser Anwendung wird versucht, die optische Funktion einer dicken Linse durch flache, mikrostrukturierte Elemente zu ersetzen. Bild 2.14 stellt die Substitution einer dicken Linse durch eine Fresnelstruktur dar.

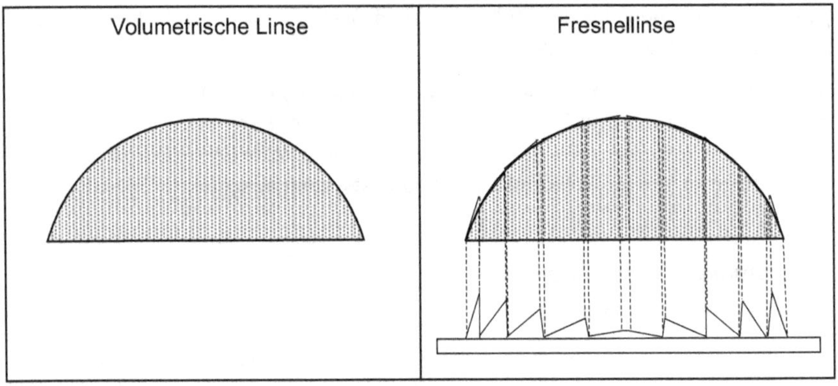

Bild 2.14: Herleitung einer Fresneloptik aus einer volumetrischen Linse
Derivation of a fresnel lense from a volumetric lense

Veröffentlichungen in der Literatur zur Herstellung linearer Fresnelstrukturen im Rolle-zu-Rolle-Verfahren finden sich beispielsweise in [ZHAN15] .

Weiterhin werden immer neue Anwendungsmöglichkeiten der Rolle-zu-Rolle-NIL im Bereich der technischen Beleuchtung erschlossen. Hier sind insbesondere die Anwendungen der Entblendung, Displays und normgerechten Beleuchtung von Bedeutung. Entblendungsfolien haben hier primär die Aufgabe auf dem Display auftretende Reflexionen möglichst gut zu streuen, um deren Blendwirkung auf den Betrachter zu minimieren. Gleichzeitig muss das vom Display ausgestrahlte Licht die Oberfläche jedoch störungsfrei passieren können.

Für diese Anwendung werden bspw. stochastische Oberflächen ohne definierte Struktur mit einer gegenüber der Oberfläche des Displays erhöhten Rauigkeit verwendet. Weiterhin werden Prismenstrukturen auf der Rückseite des Displays zur gezielten Lichtlenkung und Erhöhung der Bildschirmhelligkeit genutzt. Ein weiteres Anwendungsgebiet von Mikroprismen ist die Retroreflektion, wie sie auch im Falle von Straßenschildern verwendet wird. Hierbei werden Solarzellen mit einer unter der aktiven Schicht liegenden, retroreflektierenden Folie ausgestattet. Die Aufgabe der Folie ist es, den transmittierten Teil des Lichtes noch einmal in die aktive Schicht zurückzureflektieren und so die Effizienz der Solarzelle zu steigern. Solche Folien werden bereits von ersten Unternehmen im kommerziellen Maßstab hergestellt. Beispiele hierfür sind die Firma Polyscale GmbH & Co. KG, welche Produkte auf der Basis von Mikroprismen und linearen Fresnelstrukturen bereits als standardisierte Produkte vertreibt, und die Firma Temicon GmbH, die ebenfalls eine große Bandbreite an optischen Folien für Beleuchtungs- und Solaranwendungen vertreibt. [TEMI16; TEMI 23b; TEMI 23a; POLY22] Typische Größenordnungen für die genannten Strukturen liegen zwischen 10 µm und 100 µm.

Eine Anwendung wesentlich kleinerer Strukturen als die bisher behandelten Mikrooptiken sind sogenannte „Sub-Wavelength Gratings", welche aufgrund von

Beugungseigenschaften für homogene Lichtverteilungen in Lichtleitern für Displayanwendungen sorgen. Um beugende Effekte hervorzurufen, müssen solche Gitterstrukturen Periodenlängen in der Größenordnung der Wellenlänge optischen Lichts haben, was sowohl die Herstellung des Prägewerkzeugs als auch deren Replikation sehr aufwendig macht. [LEE11]

2.4.2 Medizin und Life-Sciences

Medical and Life-Sciences applications

Neben den klassischen Anwendungsgebieten der Beleuchtungstechnik wird in den letzten Jahren zunehmend an Anwendungen der T-NIL geforscht, welche den Bereichen Medizin und Life-Sciences zuzuordnen sind. Das aufgrund der Corona-Krise wohl aktuellste Beispiel ist die Herstellung von antimikrobiellen Oberflächen, welche zur passiven Sterilisation eingesetzt werden können. Die hierfür eingesetzten Strukturen sind teilweise an aus der Natur bekannte Strukturen angelehnt oder nutzen sogenannte hierarchische Strukturen, welche eine Kombination aus Mikro- und Nanostrukturen darstellen. [KOSE18; SHAR22]

Neben der Abtötung von Mikroorganismen können strukturierte Oberflächen jedoch auch gegenteilige pro-biotische Effekte hervorrufen. Durch die Fertigung von Oberflächenstrukturen mit entsprechend ausgelegter Topographie und Rauigkeit können beispielsweise natürliche Zellumgebungen nachgeahmt werden. Stammzellen, die in solchen Umgebungen angesiedelt werden, sind in der Lage, die Beschaffenheit der sie umgebenden Oberfläche anhand von Topographie und Steifigkeit wahrzunehmen und können so zur sogenannten „mechanotransduktiven Differenzierung", also der durch die mechanische Umgebung hervorgerufenen Spezialierung der Stammzelle, angeregt werden. [SKAZ17]

Neben diesen im Bereich der Mikrobiologie anzusiedelnden Arbeiten wird auch an Anwendungen der kontinuierlichen NIL im Bereich der Diagnostik und Medikation gearbeitet. Ein prominentes Beispiel hierfür ist die schmerzfreie Medikation mit sogenannten Mikronadeln. Diese nutzen die Beschaffenheit der menschlichen Haut aus, indem sie nur die obersten Hautschichten durchdringen, um die effiziente Diffusion eines Medikamentes in den Blutkreislauf zu ermöglichen, jedoch aufgrund der geringen Eindringtiefe keine Nerven stimulieren und daher keine Schmerzempfindungen auslösen. [LARR16] Typische Größen solcher Strukturen in der Literatur betragen zwischen 25 μm und 2 mm. [DETA22]

Bild 2.15 zeigt die beschriebenen Strukturen auf Basis der Haut eines Haifisches, hierarchischer Mikrostrukturen, Strukturen zur mechanotransduktiven Differenzierung von Stammzellen und Mikronadeln zur schmerzfreien Medikation.

Reibungsreduzierende Struktur		Antimikrobielle Struktur	
 Bildquelle: Fraunhofer IPT	**Anwendung** Verringerung des Reibungs-widerstandes **Strukturgröße** ca. 30 µm – 80 µm **Natürliches Vorbild** Haifischhaut	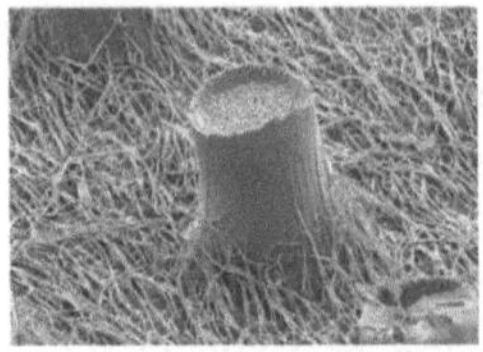 Bildquelle: Fraunhofer IPT	**Anwendung** Bekämpfung von Mikroorganismen **Strukturgröße** ca. 5 µm – 20 µm **Natürliches Vorbild** Lotusblume
Stammzellendifferenzierung		**Mikronadelstruktur**	
 Bildquelle: Fraunhofer IPT	**Anwendung** Regenerative Medizin **Strukturgröße** <10 µm **Natürliches Vorbild** Körpereigene Gewebe-Strukturen	 Bildquelle: [DENG16]	**Anwendung** Medikation **Strukturgröße** ca. 300 µm – 800 µm **Natürliches Vorbild** Kein bekanntes

Bild 2.15: Beispielhafte Strukturen aus verschiedenen Anwendungsbereichen
Exemplary structures from different applications

Ein weiteres für die medizinische Diagnostik sehr relevantes Anwendungsgebiet stellt die Produktion von mikrofluidischen Systemen, sogenannten „Lab-on-a-Foil"-Systemen dar. In diesen werden über die Ausnutzung spezifischer fluidischer Eigenschaften bestimmter Flüssigkeiten und Kapillar- bzw. Größeneffekte die Separationen einzelner Bestandteile erreicht, welche anschließend gezielt analysiert werden können. Relevante Referenzen finden sich in [LIN 11b; VELT08].

2.4.3 Bionik

Bionic applications

Wie in vielen anderen technologischen Bereichen sind auch im Bereich der Nanoimprintlithographie viele funktionale Mikro- oder Nanostrukturen von Tieren oder Pflanzen inspiriert. Zwei besonders relevante Funktionalitäten der bionischen Strukturen sind jedoch solche zur Erzeugung antireflektiver Oberflächen sowie Strukturen zur Verringerung des Strömungswiderstands.

Der Wirkmechanismus von antireflektiven Oberflächen basiert auf dem Prinzip der Verringerung von Fresnelverlusten an einer Grenzschicht. Dies geschieht durch die Erzeugung eines kontinuierlichen Gradienten im Brechungsindex statt eines harten Übergangs. Hierfür ist jedoch eine Strukturierung der Oberfläche unterhalb des optischen Wellenlängenbereichs notwendig. Diese Art der Strukturierung ist an die

Beschaffenheit der Hornhaut von Facettenaugen, insbesondere von Nachtfaltern, angelehnt. Diese besitzen auf der obersten Schicht der Facettenaugen kegelförmige Strukturen mit einem Durchmesser von 95 nm – 145 nm und einer Tiefe von etwa 20 nm – 200 nm. [PLAC13]

Diesen Strukturen wird in der Forschung großes Potential zugesprochen und es gibt eine Vielzahl wissenschaftlicher Arbeiten zur kontinuierlichen Replikation sogenannter „Mottenaugenstrukturen". Weiterführende Literatur zu diesem Thema findet sich in [BURG13; CHUA18; TING08].

Eine weitere wichtige, aus der Natur inspirierte Anwendung ist die Optimierung von Strömungsverhalten mittels der Haifischhaut nachempfundenen Strukturen. Unter dem Produktnamen „AeroSHARK" wurde im Jahr 2022 von den Konzernen BASF und Lufthansa-Technik eine der Haifischhaut entlehnte Folie mit ca. 50 Mikrometer großen Ribletstrukturen auf den Markt gebracht, welche großflächig auf der Flugzeugflotte der Lufthansa aufgebracht werden soll, um deren Strömungswiderstand um bis zu 1% zu reduzieren. Dies entspricht einer CO_2-Reduktion von etwa 1.000 Tonnen pro Flugzeug und Jahr. [LUFT21] Weiterführende Literatur aus der Forschung findet sich in [ABBO07; BUCH12; KORD15].

2.5 Zwischenfazit

Interim Conclusion

Die thermische Rolle-zu-Rolle-Nanoimprintlithografie stellt eine vielversprechende Skalierungsmöglichkeit zur flächigen Herstellung von Mikro- und Nanostrukturen dar. Es exisitiert bereits eine Vielzahl wissenschaftlicher Publikationen zur Herstellung unterschiedlichster Strukturtypen. Auch in der Wirtschaft gibt es bereits erste Produkte, welche die kontinuierliche Nanoimprintlithografie als Produktionsverfahren nutzen. Während sich der größte Anwendungsbereich der so hergestellten Strukturen weiterhin im Markt für technische Beleuchtung konzentriert, sind jedoch auch in anderen Marktsegmenten neue Anwendungsbereiche erschlossen worden. Insbesondere der Einsatz mikrostrukturierter Folien in der hinsichtlich Qualitäts- und Sicherheitsaspekten stark fordernden Luftfahrtindustrie vermittelt einen Eindruck vom wirtschaftlichen Potential der Technologie.

Ein Trend, der in den letzten Jahren zu beobachten ist, ist die Entlehnung von Mikro- oder Nanostrukturen aus der Tier- und Pflanzenwelt. Während Mikroprismen, wie sie für Brightness-Enhancement-Filme verwendet werden, mathematisch ausgelegte Strukturen darstellen, bilden Mottenaugen oder die Haifischhaut über Millionen von Jahren mittels Selektion erzeugte Oberflächen. Die Herstellung dieser Strukturen ist oft komplex und stellt zur Gewährleistung der gewünschten Funktionalität hohe Anforderungen an das replizierende Verfahren hinsichtlich Genauigkeit und Variabilität.

Maschinenseitig ist der Stand der Technik von isothermen Prägesystemen, welche hauptsächlich auf Basis von Linienkontakten arbeiten, bestimmt. Variotherme

Systeme, welche das Potential höherer Replikationsqualität im Bereich von komplexen Strukturen bieten, stellen aktuell eine Randerscheinung dar und finden sich nahezu ausschließlich im Forschungsbereich. Ein Grund hierfür kann in der aufwändigeren Bauweise variothermer Anlagensysteme und den häufig eingesetzten Gurt-basierten Prägewerkzeugen vermutet werden. Der Fokus in der Ausgestaltung der Anlagentemperierung liegt stark auf zonalen Heizkonzepten, in denen das Folienmaterial durch einzelne Baugruppen der Anlage geführt wird, welche ihrerseits isotherm temperiert sind. Die Nutzung von graduellen Temperierkonzepten, wie sie in verwandten Replikationstechnologien wie dem Spritzguss oder dem mehrschrittigen Heißprägen angewendet wird, ist auch im Forschungsbereich selten.

Trotz der Potentiale einer variothermen Prozessführung fehlt es aktuell an technisch und wirtschaftlich realisierbaren Systemen zur Umsetzung eines graduellen variothermen Anlagenkonzeptes für die kontinuierliche Nanoimprintlithografie. Hier ergibt sich weiterer Forschungsbedarf, welcher im nächsten Kapitel genauer definiert werden soll.

3 Vorhabensbeschreibung

Description of Work

Im Folgenden wird das zum Ziel genommene Forschungsvorhaben beschrieben. Zunächst werden die Abgrenzung vom Stand der Technik und der Forschungsbedarf verdeutlicht. Anschließend werden die durchgeführten Arbeiten beschrieben.

3.1 Bewertung des Kenntnisstands

Evaluation of the current state of knowledge

Aufgrund des fortschreitenden Trends zur Miniaturisierung von Produkten und der Nutzung flacher, flächiger Leuchtelemente wird der Bedarf an mikrostrukturierten Folien für die optische Industrie voraussichtlich weiter steigen. Weiterhin hat die Verwendung von Mikro- und Nanostrukturen zur Herstellung bionischer Funktionalitäten das Grundlagenstadium verlassen und wird in den nächsten Jahren einen wesentlichen Innovationstreiber für Verfahren zur Massenreplikation solcher Strukturen darstellen. Mit den immer weiter steigenden Genauigkeitsanforderungen unter den jeweils anwendungsspezifisch zu berücksichtigenden Randbedingungen werden jedoch die Grenzen der etablierten Heißprägeverfahren erreicht.

Während verwandte Replikationstechnologien wie der Spritzguss oder das mehrschrittige Heißprägeverfahren bereits seit vielen Jahren auf einer variothermen Prozessführung basieren, stellt die isotherme Prozessführung den Stand der Technik der kontinuierlichen Replikationstechnologie in der Industrie dar. Im Forschungsumfeld sind bereits einige variotherme Verfahrensansätze zu finden, welche jedoch oftmals auf sehr komplexen Anlagen- oder Masteringkonzepten basieren, was die Überführung dieser Konzepte in kommerzielle Systeme erschwert. Aktuell gibt es keine kommerziell erhältlichen graduellen variothermen Anlagensysteme bei etablierten Anbietern.

Die Gründe für das Fehlen variothermer Konzepte im industriellen Umfeld können vielfältig sein. Nach der im Stand der Technik durchgeführten Recherche stellen die folgenden Punkte jedoch einige Mängel der bisher vorhandenen Systeme zusammen, welche eine industrielle Nutzung der verfügbaren Konzepte erschwert.

1. *Gurt-basierte Prägewerkzeuge*
   Die große Mehrheit der in Kapitel 2 vorgestellten variothermen Anlagenkonzepte arbeitet mit Hilfe von Gurt-basierten Prägewerkzeugen. Diese bieten zwar eine für das Forschungsumfeld wichtige hohe Flexibilität in der Strukturierung, bringen jedoch die Nachteile von Schweißnähten und hohen Fertigungskosten im Vergleich zu direkt strukturierten Werkzeugen für die Industrie mit sich.

2. *Hoher Maschinenaufwand zonaler Systeme*
   Ein Nachteil variothermer Anlagensysteme liegt in der gegenüber den isothermen Systemen deutlich erhöhten Komplexität der Anlagen. Im Falle zonaler Systeme müssen einzelne Maschinenabschnitte geschaffen werden, welche

individuell temperierbar sind. Dies bringt sowohl konstruktive als auch ökonomische und ökologische Herausforderungen mit sich. Ein System, welches erst aktiv geheizt und anschließend gekühlt werden muss, wobei heiße und kalte Abschnitte unmittelbar ineinander übergehen, bedingt höhere Aufwände in der Anlagenperipherie. Weiterhin stellt der kontinuierliche Betrieb solcher Anlagen in Zeiten stark steigender Energiekosten und Anforderungen an den ökologischen Fußabdruck auch finanziell eine Herausforderung dar.

3.2 Zielsetzung, Aufgabenstellung und Vorgehensweise

Tasks, objectives and concept of the thesis

Die Verwendung gradueller Anlagenkonzepte bietet durch kompaktere Temperiereinheiten einige Vorteile gegenüber zonalen Anlagenkonzepten. Durch die Nutzung thermischer Ausgleichsmechanismen ist eine aktive Kühlung der Prägeeinheiten meist nur in geringerem Umfang notwendig, als es bei zonalen Anlagenkonzepten der Fall ist. Zudem entfällt der Einbau zusätzlicher Heizelemente zur detaillierteren Ausgestaltung des Temperaturgradienten.

Nach den in Unterabschnitt 2.3.4 beschriebenen, aus der Literatur bekannten Anlagenkonzepten bieten insbesondere induktive und laserbasierte Erwärmungssysteme das Potential zur Erzeugung kontinuierlich verlaufender Temperaturgradienten auf Prägewalzen. Aufgrund des deutlich höheren Integrationsaufwands eines Lasersystems mit ausreichender Leistung zur Erzeugung der notwendigen Wärme und der Gefahr von reflektierter Strahlung an den hochqualitativen Oberflächen von Prägewerkzeugen für die optische Mikrostrukturierung bieten induktive Heizsysteme jedoch die flexiblere und schlankere Lösung zur Erzeugung des notwendigen Temperaturgradienten.

In diesem Bereich fehlt es jedoch an den notwendigen detaillierten Untersuchungen zur Verwendung solcher Heizsysteme für den Heißprägeprozess und Maschinensystemen, welche auf die Verarbeitung von Folienmaterialien ausgelegt sind. Weiterhin bleiben die hohen Anforderungen an die axiale Homogenität der induzierten Wärme in den bisher aus diesem Bereich vorliegenden Arbeiten unbetrachtet. Zusätzlich erschwerend kommt hinzu, dass das gängigste Verfahren zur Herstellung von Prägewalzen für optische Anwendungen, die ultrapräzise Diamantbearbeitung, nur in Kombination mit nicht-eisenhaltigen Materialien möglich ist, welche folglich auch keine ferromagnetischen Eigenschaften aufweisen.

Die vorliegende Arbeit hat daher den Anspruch, das Potential induktiver Heizsysteme für die Anwendung der thermischen Nanoimprintlithographie zu untersuchen und ein kontinuierlich variothermes Maschinenkonzept zu entwickeln, welches hinsichtlich der Prozessanforderungen der T-NIL charakterisiert wird.

Das Ziel der vorliegenden Arbeit ist somit die Entwicklung eines graduellen, variotherm arbeitenden Heißprägesystems auf der Basis eines Induktionsheizers, welches ohne die Verwendung eines Gurt-basierten Prägewerkzeugs auskommt und alle

Anforderungen an die notwendigen Prozesstemperaturen erfüllt. Unter Berücksichtigung des Stands der Technik und auf der Basis des beschriebenen Anspruchs ergeben sich daher die folgenden Forschungsfragen:

1. Wie kann ein graduelles variothermes Anlagenkonzept auf Basis eines induktiven Heizsystems gestaltet werden, sodass eine nicht-eisenhaltige Prägewalze zur Anwendung kommt und der thermische Gradient möglichst optimal genutzt wird?

2. Inwieweit kann das inhomogene Magnetfeld eines außenliegenden Induktionsheizers die Anforderungen der T-NIL an die absolute Temperatur sowie die hohen Anforderungen an die axiale Temperaturhomogenität des T-NIL-Prozesses erfüllen?

3. Welche Prozessparameter im Anlagensystem haben einen signifikanten Einfluss auf die replizierte Strukturqualität?

Die definierten Forschungsfragen stellen die Grundlage für die weitere Struktur dieser Arbeit dar. Der Gesamtaufbau der Arbeit inklusive der einleitenden Kapitel ist in Bild 3.1 dargestellt.

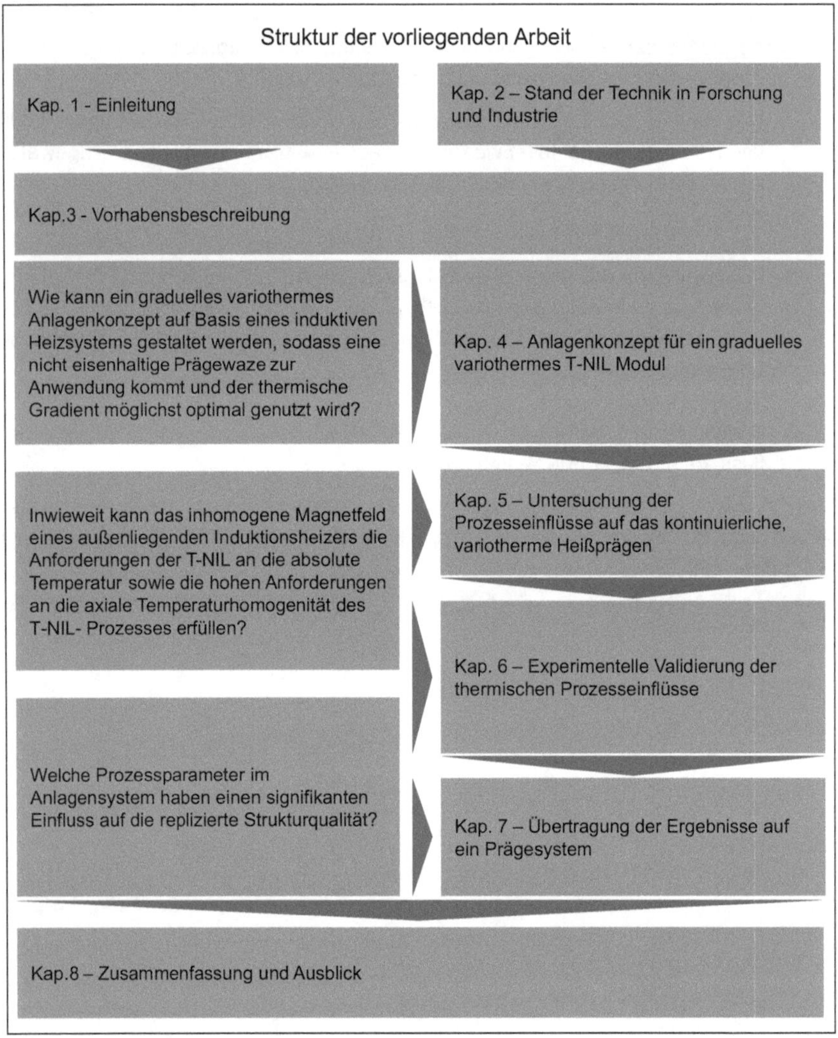

Bild 3.1: Struktur der vorliegenden Arbeit auf der Basis der aus dem Stand der Technik abgeleitete Forschungsfragen.
Structure of the present thesis and guiding questions, derived from the state-of-the-art

Das übergeordnete Ziel der vorliegenden Arbeit ist es, das Potential induktiver Heizsysteme zur Realisierung eines graduellen variothermen Heißprägemoduls zu evaluieren und in einer Pilotanlage zu realisieren. Die hierzu definierten Forschungsfragen gliedern sich, wie in Bild 3.1 dargestellt, in die Gesamtstruktur der Arbeit ein. Im Detail ist der weitere Verlauf der Arbeit in folgende Kapitel gegliedert.

Kapitel 4 beinhaltet das Gesamtkonzept der erarbeiteten Anlage und deren Eingliederung in bestehende Systeme. Die einzelnen Komponenten der Anlage werden beschrieben und deren Funktionsweise erläutert. Weiterhin wird das Konzept des T-NIL Moduls detailliert beschrieben. Die konzeptionelle Beantwortung der ersten Forschungsfrage findet sich in diesem Kapitel.

Kapitel 5 beschäftigt sich vorrangig mit der zweiten Forschungsfrage nach der Umsetzbarkeit der prozessseitigen Anforderungen an die T-NIL mit dem in Kapitel 4 konzeptionierten System. Es werden simulative Modelle für den Erwärmungsprozess erarbeitet und berechnet, bei denen der Fokus auf der Homogenität des erzeugten Magnetfeldes liegt. Basierend auf den Ergebnissen aus Kapitel 5 können erste Aussagen zur theoretischen Realisierbarkeit des angedachten Prozesses getroffen werden.

Kapitel 6 beschäftigt sich mit der Übertragung der theoretisch erarbeiteten Ergebnisse aus Kapitel 5 in die Praxis. Dabei werden die thermischen Prozesseinflüsse auf Basis eines Prüfstandsaufbaus untersucht und ihre realen Auswirkungen experimentell überprüft. Abschließend werden die Ergebnisse aus der vorangegangenen theoretischen Untersuchung mit den erarbeiteten praktischen Messungen verglichen. Die Ergebnisse aus Kapitel 6 schließen die Beantwortung der zweiten Forschungsfrage mit praktischen Ergebnissen ab und liefern den Grundstein für die Beantwortung der dritten Forschungsfrage.

Kapitel 7 schließt den Bogen der bisher erarbeiteten theoretischen Grundlagen und der unter Laborbedingungen durchgeführten Prüfstandsversuche zur Praxis. Der erarbeitete Prozess wird auf einer Pilotanlage umgesetzt und eine beispielhafte Folienproduktion einer mikrostrukturierten Folie durchgeführt. Auf Basis der Ergebnisse aus diesen Versuchen kann die Funktionalität des erarbeiteten Konzeptes und Anlagenaufbaus validiert und die dritte Forschungsfrage beantwortet werden.

Die Ergebnisse der vorangegangenen Kapitel werden in **Kapitel 8** zusammengefasst und das vorgestellte Anlagenkonzept ganzheitlich bewertet. Weiterhin wird ein Ausblick für zukünftige Forschungsarbeiten im Themengebiet des variothermen Heißprägens gegeben.

4 Anlagenkonzept für ein graduelles variothermes T-NIL-Modul

Machine concept for a thermal gradient based, variothermal hot embossing module

Zur Beantwortung der im vorangegangenen Kapitel definierten Forschungsfragen in Bezug auf die aufgezeigten Defizite des Standes der Technik wurde im Rahmen dieser Arbeit ein graduelles variothermes Heißprägemodul zur Herstellung von mikro- und nanostrukturierten Folien konzeptioniert und realisiert. Das folgende Kapitel beschreibt die wesentlichen Funktionseinheiten des entwickelten Moduls und den Gesamtaufbau der Forschungsanlage.

4.1 Aufbau des Gesamtsystems

Setup of the overall system

Im Rahmen des europäisch geförderten Forschungsprojektes FLEXPOL (Antimicrobial Flexible Polymers for its use in hospital environments) mit der Grant-Agreement Nummer 721062 wurde im Zeitraum von Januar 2017 bis Dezember 2019 ein Heißprägemodul für die Replikation von antimikrobiell wirkenden Mikro- und Nanostrukturen entwickelt. Dieses wurde in die bestehende modulare Rolle zu Rolle-Pilotanlage am Fraunhofer IPT integriert. Der aus drei Modulen bestehende Gesamtaufbau der Anlage enthält neben dem T-NIL-Modul noch ein Modul zur Zuführung des Folienmaterials (Abwickler) sowie ein Modul zum Aufwickeln des strukturierten Folienmaterials (Aufwickler).

Die Umlenkwalzen der Anlage besitzen eine Ballenbreite von 300 mm, wodurch sich die Anlage für Folien bis zu einer Breite von 250 mm eignet. Hinsichtlich der möglichen Foliendicke können alle Module Folie bis zu einer Dicke von 0,5 mm fördern, jedoch stellen Biegeradien von minimal 45 mm eine Einschränkung für spröde Materialien dar.

Die Ansteuerung und Regelung aller Maschinenachsen erfolgt über eine „Motion Logic MLC 65“ der Bosch Rexroth AG, über welche bis zu 64 virtuelle oder reale Achsen angesteuert werden können. Untereinander kommunizieren die einzelnen Antriebskomponenten dabei über das Sercos III Busprotokoll, welches einen offenen Industriestandard darstellt und dem Ethernet-Standard IEEE 802.3 entspricht. Alle zur Ansteuerung und Regelung genutzten Programme sind im Entwicklungsframework „Indraworks“ (Bosch Rexroth) in der Programmiersprache „Structured Text“ umgesetzt.

4.2 Auf- und Abwickler

Rewinder and Unwinder

Neben dem folienverarbeitenden Hauptmodul benötigt die Rolle-zu-Rolle Pilotanlage zwei Module, welche die grundlegenden Funktionalitäten des Ab- und Aufwickelns von Folienmaterial gewährleisten. Neben der Förderung und Speicherung von Folie gewährleisten diese Module außerdem einen konstanten Verlauf der Folienbahn durch eine Bahnzugregelung.

4.2.1 Abwickler

Unwinder

Der Abwickler stellt das erste Modul in einer Rolle-zu-Rolle-Anlage dar und hat die primäre Aufgabe, Folienmaterial für die weitere Verarbeitung innerhalb der Anlage zur Verfügung zu stellen. Im Folgenden sind die funktionalen Hauptkomponenten des Abwicklers kurz in ihrer Reihenfolge entlang des Prozessablaufs beschrieben.

Spanndorn

Der Spanndorn besteht aus einem Walzenkörper, der mit Spannbacken aus Gummi versehen ist. Durch eine Druckbeaufschlagung des Walzeninnenraums werden die Spannbacken radial nach außen gedrückt und stellen eine kraftschlüssige Verbindung zum Wickelkern eines Folienwickels her. Der Spanndorn wird aktiv angetrieben und besitzt einen rückseitig gelagerten Motor. Seine Hauptfunktion ist das Abwickeln des Folienmaterials.

Kraftmesswalze

Die Kraftmesswalze dient zur Überwachung der Bahnspannung und stellt die wesentliche Messgröße für deren Regelung dar. Sie funktioniert auf der Basis einer innenliegenden Dehnungsmessstreifen-Sensorik (DMS). Diese erfasst die durch die Zugkraft der Bahnspannung hervorgerufene Verformung eines Kraftaufnehmers und kann nach erfolgter Kalibrierung und unter Berücksichtigung des Querschnitts des Bahnmaterials als Zugspannung interpretiert werden. Da die Verformung des Kraftaufnehmers nur eindimensional erfasst wird, ist die konstruktive Einbausituation der Kraftmesswalze stets zu berücksichtigen und eventuell ein Korrekturfaktor für den Winkel zwischen Kraftwirkung und Messvektor zu berücksichtigen. Die schematische Funktionsweise einer Kraftmesswalze ist in Bild 4.1 dargestellt.

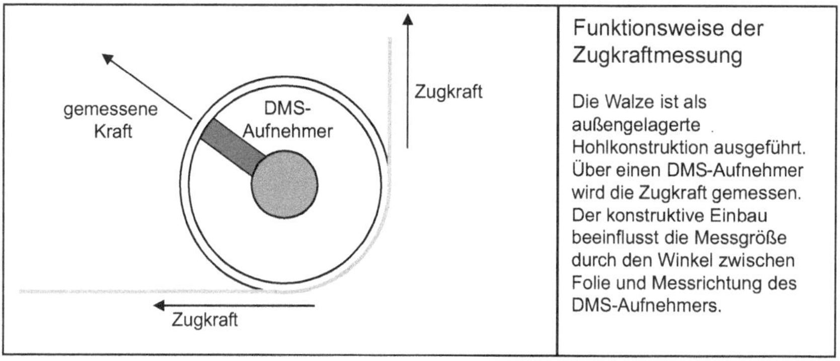

Bild 4.1: Funktionsweise einer Kraftmesswalze zur Regelung der Bahnspannung
Work principle of a force measurement drum

Klemmstelle

Nachgelagert zur Kraftmesswalze folgt eine Klemmstelle, welche aus einer gummierten Walze und einer Walze mit hartanodisierter Aluminiumoberfläche besteht. Die gummierte Walze kann mit Hilfe einer pneumatisch betriebenen Kinematik auf der Modulrückseite vertikal in den Presskontakt mit der zweiten Walze gefahren werden und erfüllt somit die Funktion des Klemmens der Folie. Die zweite Walze ist in ihrer vertikalen Position statisch und besitzt einen rückseitig gelagerten Antrieb. Durch das Klemmen der Folie und die Anpassung der Rotationsgeschwindigkeit des angetriebenen Motors kann die Bahnspannung im vorherigen Abschnitt vom Spanndorn bis zur Klemmstelle von der Bahnspannung im weiteren Folienverlauf entkoppelt werden.

Reinigungseinheit

Nachgelagert zur Klemmstelle befindet sich eine Reinigungseinheit, welche der Reinigung des Folienmaterials unmittelbar vor der Zuführung in das verarbeitende Prozessmodul dient. Die Reinigungseinheit besteht aus drei elektrostatisch aufgeladenen Walzen, welche zusätzlich mit einer Klebeschicht versehen sind, um der Folie anhaftende Partikel zu binden und deren Eindringen in die nachgelagerten Prozessmodule zu verhindern.

Bild 4.2 stellt den Gesamtaufbau des Abwicklers dar.

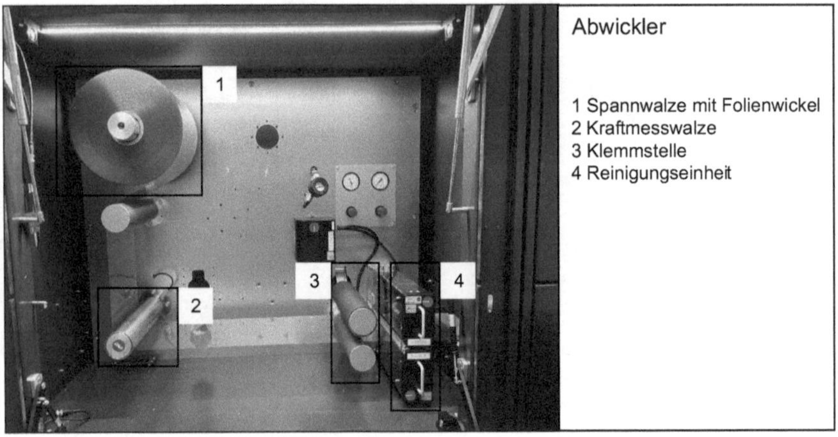

Bild 4.2: Abwickler der entwickelten Rolle-zu-Rolle-Anlage am Fraunhofer IPT
Unwinder of the roll-to-roll pilot line at Fraunhofer IPT

4.2.2 Aufwickler

Rewinder

Der Aufwickler besteht aus einer gespiegelten Walzenanordnung des Abwicklers. Er stellt das letzte Modul in der Prozessfolge der Rolle-zu-Rolle-Anlage dar und hat die Aufgabe, das bearbeitete Folienmaterial wieder auf einen Wickelkern aufzuwickeln. Anstatt der im Abwickler vorhandenen Prägeeinheit enthält der Aufwickler eine zwischen zwei Klemmstellen gelegene laterale Ausrichtungseinheit. Diese ist im Folgenden näher beschrieben.

Ausrichtungseinheit

Um eine gute Folienwicklung zu gewährleisten, müssen sich ergebende seitliche Abweichungen im Bahnlauf vor dem Aufwickeln korrigiert werden. Dies geschieht durch einen Drehrahmen, der durch Drehung zweier paralleler Walzen für einen Parallelversatz des Bahnmaterials sorgt. Konstruktiv ist der Bereich des Drehrahmens durch zwei Klemmstellen vom restlichen Bahnlauf isoliert, sodass in diesem Bereich eine separate Zugspannung eingestellt werden kann, welche von der zum Aufwickeln benötigten Spannung unabhängig gesteuert werden kann.

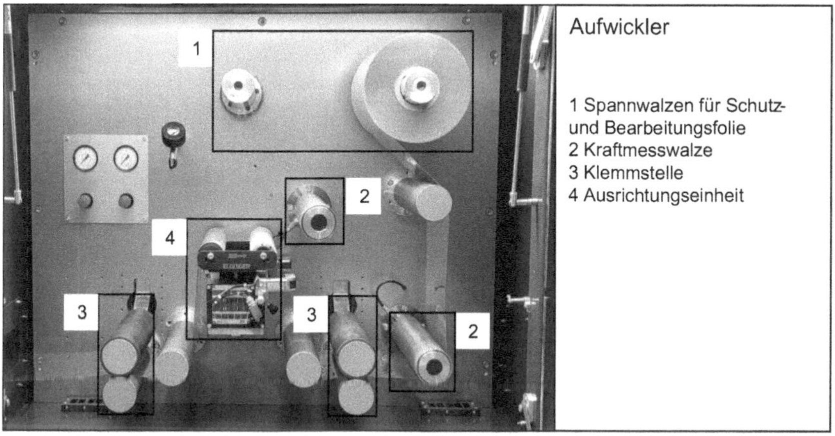

Bild 4.3: Aufwickler der entwickelten Rolle-zu-Rolle Anlage am Fraunhofer IPT
Rewinder of the roll-to-roll pilot line at Fraunhofer IPT

4.3 Aufbau und allgemeine Funktionsweise des T-NIL Moduls

Setup and general functionality of the T-NIL module

Der grundlegende Aufbau des T-NIL Moduls orientiert sich an den in Kapitel 2 ausgearbeiteten Anforderungen an einen graduellen variothermen Heißprägeprozess.

Als Prägewerkzeug wird eine strukturierte Walze verwendet, wie sie im Diamantzerspanungsprozess oder mittels einer Laserstrukturierung hergestellt werden kann. Auch der Einsatz von galvanisch hergestellten Formwerkzeugen ist mit Hilfe einer Sleeve-Walze möglich. Die Prägewalze stellt damit die bestmögliche Kombination aus Herstellungskosten und Variabilität dar.

Zur Realisierung des kontinuierlichen Temperaturgradienten auf der Walzenoberfläche stehen die im Stand der Technik erwähnten Temperierungsmechanismen zur Verfügung. In der folgenden Tabelle sind die zur Realisierung eines Temperaturgradienten auf einer Prägewalze zur Verfügung stehenden Möglichkeiten hinsichtlich der relevanten Kriterien des erreichbaren Temperaturgradienten, der zu erwartenden axialen Homogenität und des Implementierungsaufwandes bewertet. Die Gesamtpunktzahl errechnet sich dabei aus der Summe der einzelnen Kategorien. Dabei entspricht „-“ einer Punktzahl von 0, „o“ einer Punktzahl von 1 und „+“ einer Punktzahl von 2.

Tabelle 4.1:Bewertung unterschiedlicher Temperierungskonzepte
Evaluation of different heating concepts

Kriterium System	Temperaturgradient	Axiale Homogenität	Implementierungsaufwand	Materialflexibilität	Gesamt
Elektrisch	o	+	-	-	3
Strahlung	o	+	o	-	4
Laser	+	+	-	o	5
Induktiv	+	o	+	+	7

Die Erzeugung eines thermischen Gradienten mittels einer elektrischen Temperierung der Prägewalze erfordert eine Anbringung der Heizelemente in der Mantelfläche der Walze. Zusätzlich muss jedes Heizelement individuell ansteuerbar sein. Der Implementierungsaufwand für diese Methode ist daher als hoch einzustufen. Da die Heizelemente jeweils die Wandstärke der Prägewalze aufheizen müssen, wird die Höhe des thermischen Gradienten durch die langsame Abkühlung und Aufheizung der Mantelfläche gebremst. Aufgrund der Möglichkeit, mit Hilfe von Peltier-Elementen auch aktiv zu kühlen, ist die Höhe des Temperaturgradienten im mittleren Bereich angesiedelt. Die erwartete axiale Homogenität ist bei entsprechender Anbringung der Heizelemente als gut einzustufen.

Der mit strahlungsbasierten Systemen wie Infrarot- oder UV-Quellen realisierbare Temperaturgradient ist stark von den Oberflächen- und Materialeigenschaften des verwendeten Prägewerkzeugs abhängig, was die Verwendung eines solchen Systems unflexibel gestaltet. Bei homogener Bestrahlung ist jedoch eine gute axiale Homogenität zu erwarten.

Laserbasierten Systemen wird in der Literatur großes Potential zur Erzeugung eines thermischen Gradienten auf der Walze zugesprochen (vgl. [MICH12]). Dies wird unter anderem damit begründet, dass ein laserbasiertes System erst unmittelbar am Folieneinlauf eingesetzt werden kann, sodass die Abkühlzeit der Walze vor dem Prägevorgang minimiert wird. Ähnlich wie bei anderen strahlungsbasierten Systemen ist die Anwendbarkeit jedoch stark vom verwendeten Material und dessen Oberflächeneigenschaften abhängig. Weiterhin ist der Implementierungsaufwand eines Lasers in der relevanten Leistungsklasse 4 und der damit einhergehenden Schutzeinrichtungen als sehr hoch einzustufen.

Der Induktionsheizer bietet gute Kompromisse zwischen den bisher diskutierten Temperierungsmöglichkeiten, da grundsätzlich alle metallischen Werkstoffe erwärmt werden können, wobei eisen- oder nickelhaltige Werkstoffe aufgrund ihrer ferromagnetischen Eigenschaften besonders hohes Potential bieten. Einzig die axiale Homogenität ist bei der erforderlichen außenliegenden Anbringung des Induktors niedriger einzustufen als bei den anderen Systemen.

Basierend auf diesen Kriterien wurde der Induktionsheizer als Temperierungskonzept für die konzeptionierte Pilotanlage ausgewählt.

Um den entstehenden Temperaturgradienten nutzen zu können, ist eine flächige Andruckeinheit erforderlich. Diese wird mit Hilfe eines Stahlbandes umgesetzt, welches die Prägewalze in einem Winkel von 180° umschließt. Bild 4.4 zeigt eine Seitenansicht der realisierten Prägeeinheit.

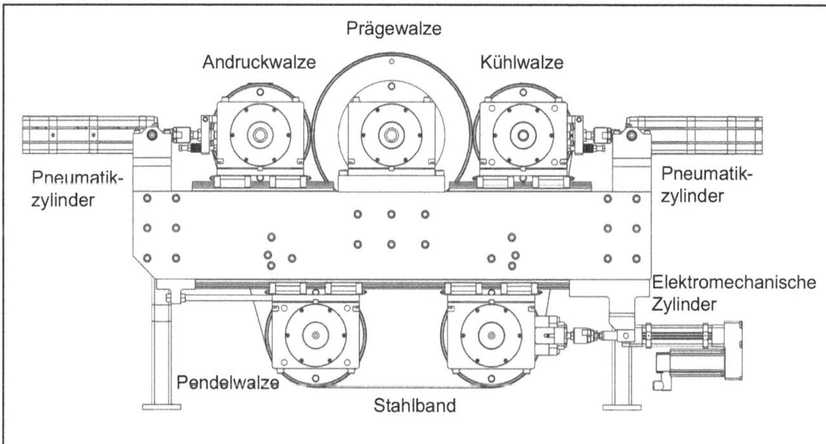

Bild 4.4: Gesamtaufbau der Prägeeinheit ohne Induktionsheizer
Setup of the embossing unit without the induction heating system

Am Folieneinlauf in das Modul durchläuft das Folienmaterial zunächst eine Hochdruckzone mit mehreren 100 bar Druck an einer pneumatisch angetriebenen Andruckwalze und wird weiter in einem Umschlingungswinkel von 180° zwischen Stahlband und Prägewalze entlanggeführt, sodass ein ständiger Andruck gewährleistet ist.

In den folgenden Unterkapiteln werden die Details des Temperier- und Andruckkonzeptes erläutert.

4.3.1 Temperierungskonzept

Heating concept

Eine grundlegende Anforderung an das Temperierungskonzept eines variothermen Heißprägemoduls ist die Realisierung eines Temperaturgradienten im Prägewerkzeug. Aus der Bewertung des Kenntnisstands in Unterabschnitt 3.1 folgt, dass induktive Heizsysteme großes Potential zur Umsetzung kontinuierlicher, variothermer T-NIL-Prozesse besitzen. Gleichzeitig sind strukturierte Prägewalzen aufgrund ihrer kosteneffizienteren Herstellung und der Möglichkeit einer unterbrechungsfreien Strukturierung alternativen Masteringsystemen wie strukturierten Gurten vorzuziehen, wenn die herzustellende Mikrogeometrie mit denen durch die Werkzeuggeometrie gegebenen Limitationen des Diamantzerspanungsprozesses realisierbar ist.

Aus diesen Rahmenbedingungen ergibt sich das Temperierungskonzept für das entwickelte Heißprägemodul. Ein außenliegender Halbschaleninduktor wird genutzt, um die Oberfläche einer Prägewalze berührungslos zu erwärmen. Um ein Aufheizen des Gesamtsystems zu vermeiden und die notwendige Gesamtleistung des Induktionsheizers gering zu halten, wird die Walze zusätzlich flüssigkeitstemperiert. Die Temperatur der Flüssigkeit stellt hierbei Start- und Endpunkt für den realisierten Temperaturgradienten dar. Bild 4.5 zeigt den qualitativ zu erwartenden Temperaturverlauf in der Prägeeinheit.

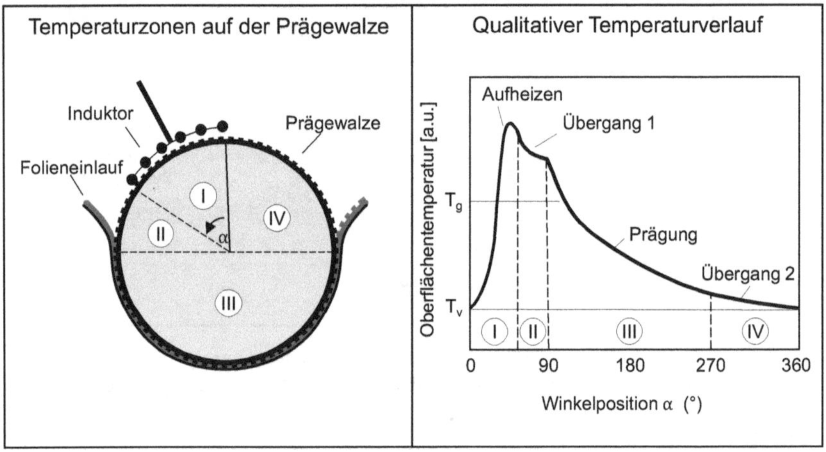

Bild 4.5: Schematischer Temperaturverlauf in der Prägeeinheit
Schematic temperature curve inside inside the embossing unit

Im gewählten Aufbau kann der kontinuierliche Temperaturgradient in vier Bereiche unterteilt werden. Während der Aufheizung unter dem Induktor ist ein starker Temperaturanstieg der Oberflächentemperatur zu erwarten, der kurz vor dem Ende des Induktors seinen Maximalwert erreicht. Anschließend setzt eine leichte Abkühlung zwischen dem Ende des Induktors und dem Beginn der Prägeeinheit ein. In der Prägeeinheit verläuft die Temperatur zunächst oberhalb von T_g des verwendeten Materials, sinkt durch den vollflächigen Kontakt mit der Folie jedoch deutlich stärker ab als im vorangegangenen Abschnitt. Nach der Entformung der Folie unterhalb von T_g nähert sich die Oberflächentemperatur der Vorheiztemperatur der Prägewalze an, bis sich die Walze erneut unter den Induktor bewegt.

Entscheidend für die erfolgreiche Umsetzung der qualitativen Temperaturkurve aus Bild 4.5 ist die Gewährleistung einer zielgerichteten Erhöhung der Temperatur, welche möglichst selektiv an der Walzenoberfläche stattfinden sollte. Bei induktiven Heizsystemen kann zu diesem Zweck der so genannte „Skin-Effekt" ausgenutzt werden. Dieser beschreibt die zunehmende Konzentration des Stromflusses in den äußeren

Bereichen eines Leiters bei steigender Frequenz. Während dieser Effekt in der Erwärmungstechnik oft eher kontraproduktiv ist und starke thermische Gradienten im Werkstück verursachen kann, soll dieser Effekt im vorliegenden Anlagenkonzept gezielt zur Realisierung des thermischen Gradienten ausgenutzt werden. Bild 4.6 zeigt den qualitativen Verlauf von Strom- und Leistungsdichte mit zunehmender Eindringtiefe in einem stromdurchflossenen Leiter.

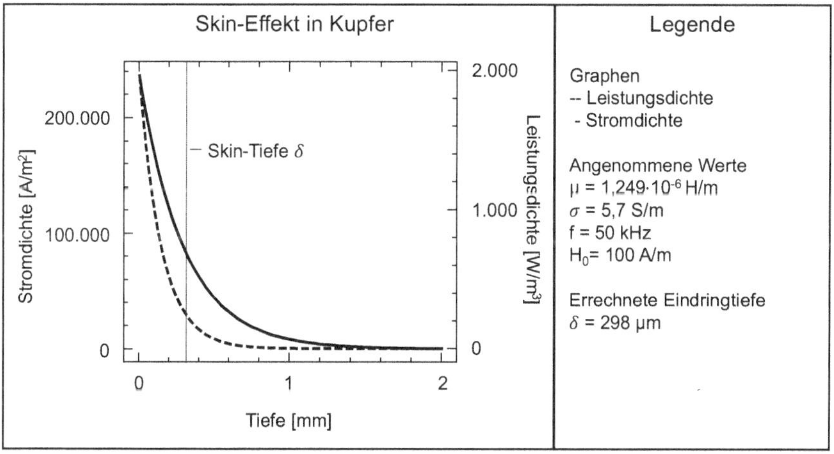

Bild 4.6: Verteilung von Strom- und Leistungsdichte in einem von Wechselstrom durchflossenen zylindrischen Leiter
Distribution of power- and current-density in a cylindrical conductor

Der Betrag der Stromdichte J fällt mit zunehmender Eindringtiefe y exponentiell ab. Äquivalent sinkt der Betrag der Leistungsdichte mit dem doppelten Exponenten. Beide Größen haben ihr Maximum bei minimaler Eindringtiefe und sinken für Eindringtiefen $y >> \delta$ auf nahezu Null ab.

Die Skin-Tiefe ist eine material- und frequenzabhängige Größe. Nach Gleichung (4.1) hängt sie von der magnetischen Permeabilität μ, der elektrischen Leitfähigkeit σ und der Frequenz des induzierenden Feldes ω ab. Da die zuerst genannten Materialparameter aufgrund externer Abhängigkeiten, wie bspw. die Kompatibilität mit spangebenden Verfahren, nur selten beeinflussbar sind, ist die Frequenz des Induktionsheizers im realen Aufbau die wesentliche Stellgröße für die Ausnutzung des Skin-Effektes. Gleichung (4.1) zeigt den Zusammenhang der genannten Größen mit der Skin-Tiefe δ.

$$\delta = \sqrt{\frac{2}{\mu\sigma\omega}} \tag{4.1}$$

Der Zusammenhang von Strom- und Leistungsdichte mit der Skin-Tiefe hängt neben den bisher genannten Größen zusätzlich noch von der magnetischen Feldstäke H ab.

Für einen in der xy-Ebene ausgebreiteten Leiter berechnen sich Strom- und Leistungsdichte über die in Gleichung (4.2) und (4.3) dargestellten Zusammenhänge [JACK06].

$$J_y = \frac{\sqrt{2}}{\delta} H_0 e^{-\frac{z}{\delta}} \cos\left(\frac{z}{\delta} - \omega t + \frac{3\pi}{4}\right) \tag{4.2}$$

$$P_R = \frac{1}{2} \mu \omega H_0^2 e^{-2z/\delta} \tag{4.3}$$

Wie in Bild 4.6 dargestellt und in Gleichungen (4.2) und (4.3) gezeigt, fallen Strom- und Leistungsdichte mit zunehmendem Abstand von der Walzenoberfläche exponentiell ab. Da der vorrangig Wärme erzeugende Mechanismus die Widerstandsheizung ist, fokussiert sich die Erwärmung somit auf die Oberfläche der Prägewalze.

4.3.2 Andruckeinheit und Bandführung

Pressure system and belt positioning

Neben dem Induktionsheizer stellt die Andruckeinheit des T-NIL-Moduls eine wichtige Hauptkomponente des Prozessmoduls dar. Die Hauptaufgabe der Andruckeinheit ist es, einen kontinuierlichen Andruck des Folienmaterials an die Prägewalze sicherzustellen, um Rückfluss- und Schwindungseffekten vorzubeugen. Weiterhin ist der ständige Kontakt des Folienmaterials mit der Prägewalze notwendig, um den entstehenden Temperaturgradienten zur Strukturierung nutzen zu können. Die Andruckeinheit muss außerdem in der Lage sein, ausreichende Prozessdrücke zur Umformung des Folienmaterials zu gewährleisten. Die einzelnen Komponenten der Andruckeinheit sind im Folgenden in der Reihenfolge Ihrer Nutzung während des Prozesses beschrieben.

Andruckwalze

Nach Einlauf des Folienmaterials in die Prägeeinheit durchläuft dieses als erstes den Spalt zwischen Andruck- und Prägewalze. Die Andruckwalze kann über zwei pneumatische Zylinder an die Prägewalze angedrückt werden und ermöglicht je nach Druckbeaufschlagung der Zylinder eine lokale Prägekraft bis ca. 10 kN pro Zylinder. Durch die Position der Andruckwalze am Eingang der Andruckeinheit kommt die Folie im Spalt zwischen Präge- und Andruckwalze erstmals mit dem strukturierenden Werkzeug in Berührung. Gleichzeitig stellt der Punkt des Folieneinlaufs den Punkt der höchsten Temperatur im Verlauf der Andruckeinheit dar, sodass die Formbarkeit des Foliensubstrates hier besonders groß ist.

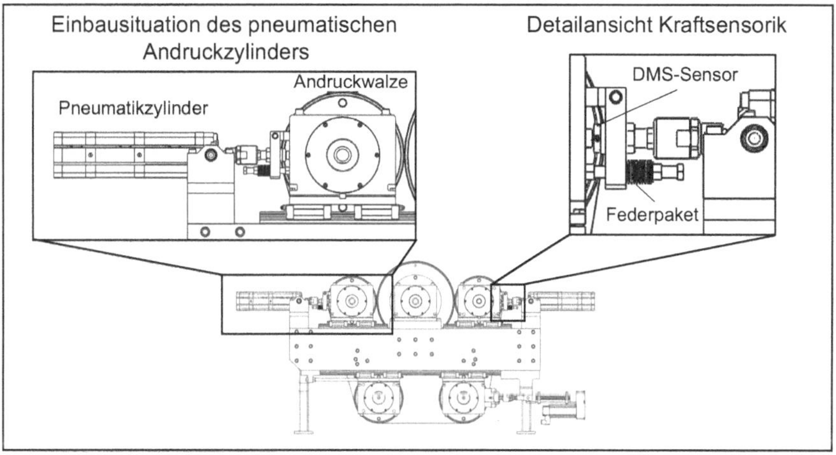

Bild 4.7: Einbausituation der pneumatischen Andruckwalze in der Prägeeinheit
Setup of the pneumatic pressure-roll inside the embossing unit

Stahlband

Zur Gewährleistung der bestmöglichen Ausnutzung des entstehenden Temperaturgradienten im System muss ein flächiger Andruck der Folie an die Prägewalze realisiert werden. Dieser wird mit Hilfe eines 260 mm breiten Stahlbandes umgesetzt, welches die Prägewalze in einem Winkel von 180° umschlingt und über zwei elektromechanische Zylinder gespannt werden kann. Die für den Prozess relevanten Materialeigenschaften des verwendeten Stahlbandes sind in Tabelle 4.2 aufgelistet.

Tabelle 4.2: Eigenschaften des verwendeten Stahlbandes aus [IPCO19; IPCO20]
Properties of the steel-web

Werkstoff	Zugfestigkeit	Thermische Leitfähigkeit	Spezifische Wärmekapazität	Oberflächenqualität	Gradheit
1.6908	1.600 MPa	16 W/mK (100°C)	0,5 kJ/kgK (100°C)	Ra < 0,4 µm	0,81 mm

Der Verlauf des Stahlbandes in der Prägeeinheit ist in Bild 4.8 dargestellt.

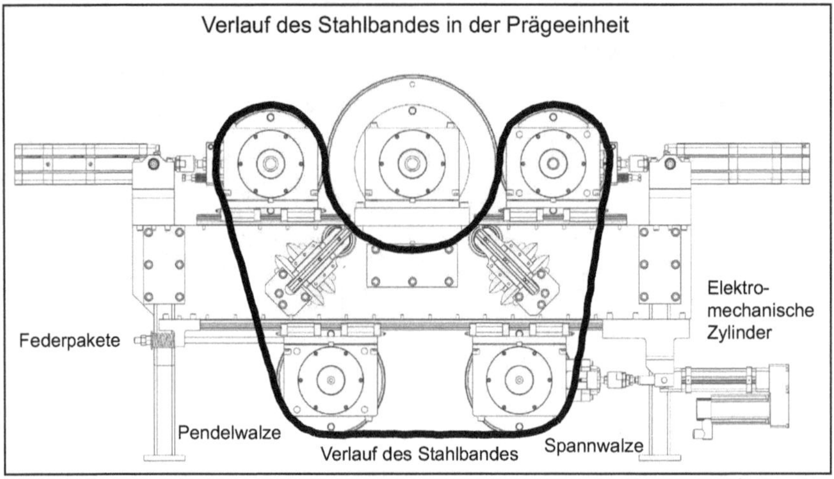

Bild 4.8: Verlauf des Stahlbandes in der Prägeeinheit
Steel web inside the embossing unit

Kühlwalze

Nach der Verarbeitung der Folie im Presskontakt zwischen Prägewalze und Stahlband wird die Folie über einer gekühlten Umlenkwalze entformt. Die Kühlwalze ist konstruktiv gespiegelt zur Andruckwalze und besitzt baugleiche Pneumatikzylinder zur Realisierung einer Hochdruckregion. Aufgrund der niedrigeren Temperatur an der Entformungsstelle ist der Einfluss dieser Zylinder auf das Prozessergebnis jedoch deutlich geringer als bei der Andruckwalze. Zudem besitzt die Kühlwalze einen zur Prägewalze baugleichen Torque-Motor und stellt zusammen mit der Prägewalze eine angetriebene Klemmstelle für Stahlband und Folie dar.

4.3.3 Peripherie

Peripheral components

Zum Betrieb des konzeptionierten T-NIL-Moduls sind neben den beschriebenen Hauptkomponenten weitere Komponenten in der Peripherie der Anlage notwendig. Diese sind im folgenden Unterabschnitt kurz beschrieben.

Hochtemperaturkreislauf

Der Hochtemperaturkreislauf schließt die Prägewalze des T-NIL-Moduls ein und kann zusätzlich auf die Andruckwalze am Prägespalt erweitert werden. Die Temperatur dieses Kreislaufs ist materialabhängig und wird typischerweise so gewählt, dass sie 5°C-20°C unterhalb der Glasübergangstemperatur des zu verarbeitenden Folienmaterials liegt. Auf diese Weise wird sichergestellt, dass das Folienmaterial zum Zeitpunkt der Entformung einen festen Zustand erreicht. Hierbei dient die Temperierung der Andruckwalze dem Vorheizen des Folienmaterials und die Temperierung der Prägewalze der Festlegung der Relaxationstemperatur des Gesamtprozesses. Die Temperierung erfolgt über einen Wärmetauscher mit einer temperaturabhängigen Heizleistung von max. 8 kW und einer Kühlleistung von max. 56 kW mit Wasser als Temperiermedium.

Niedrigtemperaturkreislauf

Der Niedrigtemperaturkreislauf schließt die Kühlung des Induktionssystems, bestehend aus Generator, Schwingkreis und Induktor sowie die Andruckwalze an der Entformungsstelle ein. Die Temperatur dieses Kreislaufs liegt im Bereich der Raumtemperatur bei ca. 20°C, um die bei niedrigeren Temperaturen auftretenden Kondensationseffekte an den Kühlspiralen innerhalb der durchflossenen Geräte zu vermeiden. Neben der Gewährleistung einer konstanten Betriebstemperatur der Leistungselektronik ist die Andruckwalze an der Entformungsstelle in diesen Kreislauf eingebunden, um eine möglichst kühle Entformung des Folienmaterials sicherzustellen und viskoelastischen Verformungen durch die Bahnspannung bei höheren Temperaturen vorzubeugen.

4.4 Antriebs- und Regelungskonzepte

Motion and control concepts

Im konzeptionierten Heißprägemodul gilt es, neben den üblichen Konzepten zur Geschwindigkeits- und Lageregelung der Achsen, zwei übergeordnete Funktionalitäten, die Regelung der Bahnspannung sowie die laterale Positionierung des Stahlbandes, umzusetzen. Im folgenden Unterabschnitt sind die Konzepte hinter diesen Funktionalitäten näher beschrieben.

4.4.1 Bahnlaufregelung

Web positioning

Die Bahnlaufregelung kann in eine Positionierungsaufgabe in axialer Richtung der Umlenkwalzen sowie eine laterale Zugregelungsaufgabe unterteilt werden. Während für die axiale Bahnpositionierung standardisierte Komponenten in Form von Drehrahmen-Modulen erhältlich sind, muss die laterale Bahnzugregelung auf das individuelle Anlagenkonzept angepasst werden.

Eine konzeptionell vorgegebene Rahmenbedingung für das beschriebene Anlagenkonzept besteht in der vorgegebenen Bandgeschwindigkeit der Prägeeinheit. Während isotherme Prägesysteme, welche beispielsweise über Flüssigkeiten temperiert sind, eine geschwindigkeitsunabhängige Temperatur aufweisen, hängt die Temperatur der Walzenoberfläche beim induktiv temperierten System von der Verweildauer der Walze unter dem Induktionsheizer und damit von der Rotationsgeschwindigkeit ab. Eine Korrektur der Rotationsgeschwindigkeit innerhalb der Prägeeinheit zugunsten einer verbesserten Zugspannung ist damit nicht wünschenswert, da elementare Prozessbedingungen wie die Prozesstemperatur und die Prägezeit mitbeeinflusst werden. Folglich muss die Regelung der Zugspannung über Auf- und Abwickler erfolgen. Die Zugspannungen vor und hinter dem Heißprägemodul sind dabei als unabhängig zu betrachten, da dieses als Klemmstelle für die Folie fungiert. Bild 4.9 zeigt die Unterteilung der verschiedenen Anlagenteile mit den an der Bahnzugregelung beteiligten Sensoren und Aktoren.

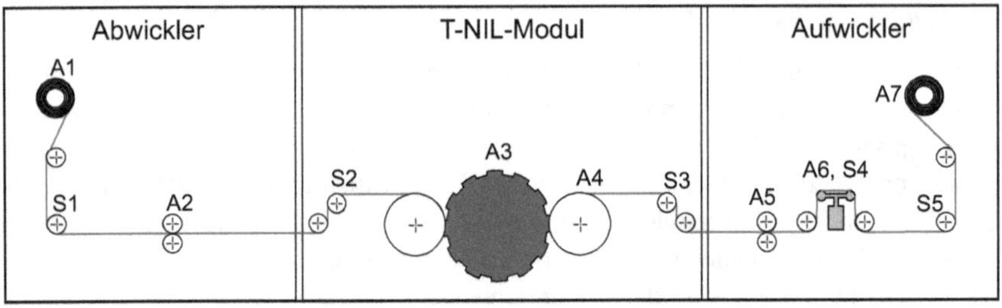

Bild 4.9: Schematische Darstellung der Produktionsanlage mit Sensoren (S) und Aktoren (A).
Schematic drawing of the machining system with sensors (S) and actuators (A)

Durch den Maschinenbediener wird über das HMI (Human-Machine-Interface) ein Sollwert für die Bandgeschwindigkeit in m/min vorgegeben. Dieser wird auf eine virtuelle Achse mit einem Umfang von 1 m angewendet, welche als Leitachse für alle physisch vorhandenen Achsen dient. Die Rotationsgeschwindigkeiten der physischen Achsen werden abhängig von ihrem Durchmesser der Rotationsgeschwindigkeit der Leitachse angepasst, wobei für die beiden Wickelachsen A1 und A7 ein mittlerer Durchmesser verwendet wird. Die aus dieser Steuerung resultierende Rotationsgeschwindigkeit der physischen Achsen wird im Folgenden als Grundgeschwindigkeit (v_{Grund}) bezeichnet.

Ausgehend von v_{Grund} werden die einzelnen Achsen mit einem Geschwindigkeitsdifferenzwert (v_{Offset}) beaufschlagt, welcher von den jeweiligen Sensorwerten abhängt. Die Achsen A3 und A4 sind hiervon ausgenommen, da sie die Geschwindigkeit des Prozesses bestimmen und daher stets mit ihrer individuellen v_{Grund} bewegt werden.

Als wesentliche Messgröße zur Beeinflussung der Bahnzugregelung fungiert die Zugkraft. Diese wird über Kraftmesswalzen (S1-S3, S5 in Bild 4.9) gemessen und dient als Rückführgröße für die Zugspannungsregelung. Als Regelgröße wird v_{Offset} verwendet.

Unter der Annahme eines linearen Materialverhaltens der Folie kann das Verhalten eines jeden zwischen zwei Klemmstellen gelegenen Bahnabschnitts mit Hilfe eines PT1-Glieds in Abhängigkeit von der Foliendehnung ε und v_{Offset} modelliert werden. Dabei stellt die Zugkraft die Ausgangsgröße von Interesse dar. Die Übertragungsfunktion kann unter der Annahme eines linearen Materialverhaltens wie folgt beschrieben werden.

$$T \cdot \dot{F}(t) + F(t) = K \cdot v_{off}(t) \tag{4.4}$$

$$T \cdot AE \cdot \dot{\epsilon}(t) + AE \cdot \epsilon(t) = K \cdot v_{off}(t) \tag{4.5}$$

$$G(s) = \frac{\epsilon(s)}{v_{off}(s)} = \frac{\frac{K}{AE}}{1 + sT} \tag{4.6}$$

Die Gleichungen (4.4) bis (4.6) stellen das linearisierte Verhalten der Kunststofffolie zwischen den Klemmstellen unter Vernachlässigung von Schlupf und Querschnittsänderung dar. Dabei bezeichnet A die Querschnittsfläche der Folie, E den Elastizitätsmodul und s die komplexe Frequenz. T und K stellen die Zeit- bzw. Verstärkungskonstante des Systems dar.

Bild 4.10 zeigt exemplarisch den Signalfluss des Reglers der Zugspannung am Folieneinlauf in die Prägestelle sowie die mathematischen Zusammenhänge.

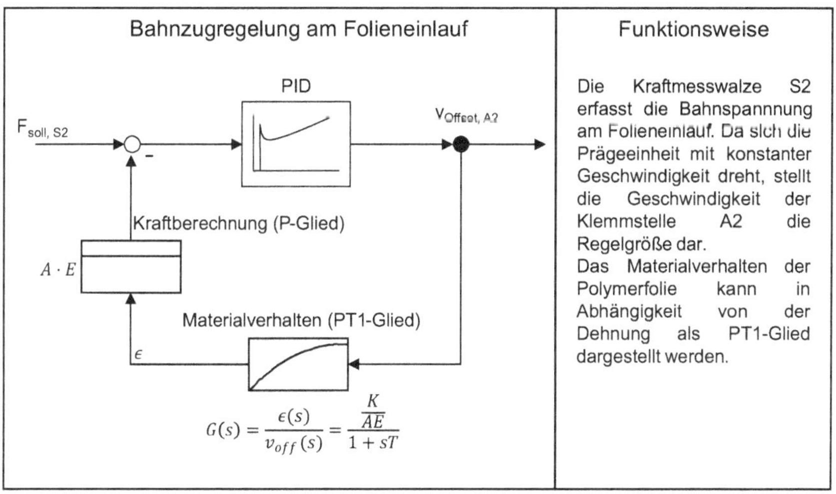

Bild 4.10: Bahnzugreglung am Folieneinlauf
Control loop of the web-tension at the point of film insertion

Analog bilden die Paare A1-S1, A5-S3 und A7-S5 einzelne Abschnitte der Zugspannungsregelung. Das Sensorpaar A6-S4 bildet einen Drehrahmen und ist für die laterale Bahnpositionierung vor dem Aufwickeln zuständig.

Die Rotationsgeschwindigkeit der Achse A4 ist direkt an die Rotationsgeschwindigkeit der physischen Leitachse A3 gekoppelt. Die Regelung von v_{Offset} erfolgt hier so, dass das nach Durchmesser gewichtete, summierte Antriebs-Drehmoment beider Achsen minimiert wird. Auf diese Weise wird sichergestellt, dass an der Entformungsstelle kein Schlupf zwischen dem Walzenpaar auftreten kann.

4.4.2 Regelung des Stahlbandes

Control mechanisms of the steel belt

Während des Betriebs der Pilotanlage ist das im Heißprägemodul verbaute Stahlband ständig zwischen einem Walzenpaar eingeklemmt, sodass dessen Rotationsgeschwindigkeit automatisch an die Umfangsgeschwindigkeit der Prägewalze (A3) angepasst wird. Neben der Bandgeschwindigkeit soll das Stahlband einen kontinuierlichen Andruck der Folie an die Prägewalze gewährleisten und konstant unter Spannung gehalten werden. Weiterhin muss die axiale Position des Stahlbandes aufgrund von mechanischen Fehlstellungen der einzelnen Umlenkwalzen zueinander korrigiert werden.

Bild 4.11 zeigt die Einbausituation des Stahlbandes in der Gesamtanlage.

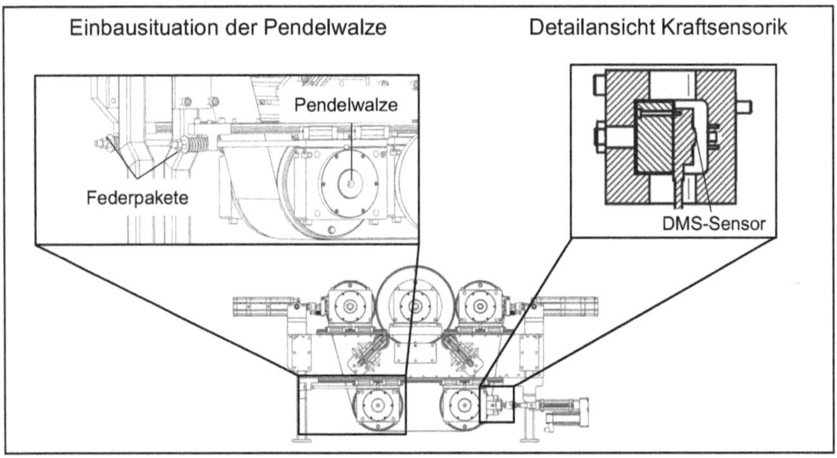

Bild 4.11: Einbausituation des Stahlbandes im T-NIL Modul mit Kraftmessung
Setup of the steel belt inside the hot-embossing unit with force measurement system

Kraftregelung

Die Kraftregelung des Stahlbandes zur Bestimmung des Andrucks an die Prägewalze erfolgt über das Aktor-Sensor-Paar A8-S6. Hierbei handelt es sich um zwei elektromechanische Zylinder (E-Zylinder), welche mit den Lagerböcken der Walze verschraubt sind. In Wirkungsrichtung der E-Zylinder sind dabei zwei Kraftsensoren auf der Basis von Dehnungsmessstreifen (DMS) verbaut, welche die wirkende Kraft der Zylinder an der Walze messen. Um das Band konstant unter Spannung zu halten, werden die beiden E-Zylinder horizontal verfahren, bis die an der Walze gemessene Kraft einen festgelegten Wert erreicht hat. Die Regelung ist dabei über einen PID-Regler realisiert, welcher einen gleitenden Mittelwert des Kraftsignals als Rückführgröße erhält. Die Spannkräfte am Stahlband werden im folgenden Abschnitt 4.5 näher beschrieben.

Positionsregelung

Die laterale Position des Stahlbandes wird durch mehrere Größen beeinflusst. Zum einen sorgen mechanische Ausrichtungsfehler der einzelnen Walzenpaare zueinander sowie die Abweichung des Stahlbandes von einer idealen Zylinderform bereits für eine schwankende Bandposition, zum anderen ist eine klassische mechanische Zwangsführung des Bandes im vorliegenden Aufbau mit Problemen verbunden.

Aus der Literatur bekannte Ansätze zur lateralen Positionskorrektur von Endlosbändern beruhen oft auf dem Prinzip der mechanischen Zwangsführung. Hierbei wird das zu führende Band beispielsweise über ballige Walzen umgelenkt, welche durch eine laterale Biegung des Bandes für eine passive Zentrierung sorgen. Auch die Zwangsführung über eine mittig abgesetzte Walze erfüllt diesen Zweck.

Die bisher aufgeführten Methoden zur Positionsregelung des Stahlbandes kommen für das vorliegende Anlagenkonzept nicht in Betracht. Der Hauptgrund für diesen Ausschluss liegt in der direkten Beteiligung des Bandes am Prägeprozess zwischen Präge- und Andruckwalze. Eine Abweichung der Andruckwalze von der zylindrischen Form sorgt für eine inhomogene Druckverteilung am Prägespalt, wodurch negative Auswirkungen auf das Prägeergebnis zu erwarten wären. Aus diesem Grund darf das Band während der Prozessführung nicht axial gekrümmt werden.

Um die Positionsregelung zu realisieren, bietet sich die Umsetzung der Anforderung mittels einer zylindrischen Pendelwalze an. Eine Pendelwalze bezeichnet eine beidseitig federnd gelagerte Walze, welche in der Lage ist, ihre axiale Ausrichtung relativ zum Bandlauf während des Prozesses zu ändern. Das axiale Laufverhalten des Stahlbandes ist in Kapitel 4.5 näher beschrieben.

4.5 Empirische Charakterisierung des Maschinenverhaltens

Empiricial characterization of the machine behaviour

Im folgenden Unterkapitel wird das aufgebaute Anlagensystem hinsichtlich seiner mechanischen Eigenschaften charakterisiert. Dabei werden die Prozesskräfte des Systems in Stahlband und Prägeeinheit sowie das seitliche Laufverhalten des Stahlbandes getestet und analysiert. Das thermische Verhalten der Anlage wird in diesem Unterkapitel nicht näher betrachtet. Eine detaillierte Analyse hierzu erfolgt in den nachfolgenden Kapiteln.

Zur Charakterisierung des Systems werden aufgenommene Daten aus der Maschinensteuerung sowie der verbauten Sensorik herangezogen. Es werden daher nur solche Messgrößen betrachtet, welche dem Maschinenbediener in einer späteren Anwendung zur Verfügung stehen.

4.5.1 Laufverhalten des Stahlbandes

Positioning behaviour of the steel belt

Durch die Verwendung eines Stahlbandes soll im entwickelten Konzept ein flächiger Andruck an die Prägewalze erzeugt werden. Wie in Abschnitt 4.3.2 beschrieben, wird das Stahlband mithilfe einer positionierbaren Umlenkwalze vorgespannt und der seitliche Gleichlauf des Bandes über eine federnd gelagerte Umlenkwalze gewährleistet. Der seitliche Verlauf des Stahlbandes wurde während der Produktion über beidseitig angebrachte Ultraschallsensoren mit einer Auflösung von 3 µm erfasst [MICR23]. Die so aufgenommenen Daten werden im weiteren Verlauf des Unterkapitels zur Bewertung der Bandlaufqualität herangezogen.

Durch das manuelle Einlegen des Folienmaterials, das Schließen der Prägeeinheit aus dem entspannten Zustand und andere Interaktionen mit der Maschine, wie beispielsweise ein Tausch der Prägewalze vor einer Produktion, befindet sich das Stahlband zu Beginn einer Produktion im Allgemeinen nicht in seinem Gleichgewichtszustand. Aus diesem Grund tritt stets eine Einschwingphase auf, in der die Bandkanten ihre Gleichgewichtspositionen einnehmen. Bild 4.12 zeigt den Einschwingvorgang einer Produktion sowie die Abweichung der Bandkanten von ihrer Mittellage im eingeschwungenen Zustand während einer Produktion.

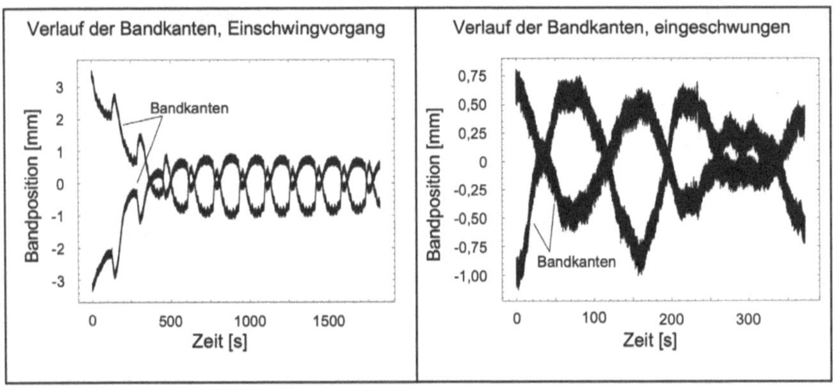

Bild 4.12: Seitlicher Verlauf der Kanten des Stahlbandes
Lateral movement of the steel-web

In der linken Darstellung aus Bild 4.12 sind die Verlaufsgraphen der Bandkanten hin zu ihrer Gleichgewichtsposition zu sehen. Nach einer anfänglichen Auslenkung der Bandkante um ca. 3 mm erreicht diese nach etwa 300 Sekunden ihren Gleichgewichtszustand mit einer stabilen Restschwankung im Bereich von ±1 mm. Auch der rechte während einer Pilotproduktion aufgenommene Graph zeigt verbleibende Schwankungen in diesem Bereich.

Charakteristisch für das wiederkehrende Verhalten der Auslenkung ist die Länge des Stahlbandes. Im Graphen der Bandposition ist die Periodizität des Bandes durch einen wiederkehrenden Signalverlauf erkennbar.

Das beobachtete Signalverhalten während der Messung der Schweißnaht lässt die Hypothese zu, dass die wahre Laufgüte des Bandes besser ist als die beobachteten Schwingungen suggerieren, da die gemessenen Abweichungen eine Überlagerung der Fehlpositionierung des Bandes und der Ungenauigkeit der Bandkanten darstellen. Die vom Hersteller angegebene maximale Abweichung der Bandkante vom optimalen Verlauf beträgt 0,8 mm, womit die Schwankungen des seitlichen Verlaufs auf der gleichen Größenordnung wie die Fertigungstoleranz des Stahlbandes liegen. [IPCO19]

Diese Hypothese wird ebenfalls vom Verlauf der Kräfte an den elektromechanischen Spannzylindern des Stahlbandes gestützt. Diese sind in Bild 4.13 dargestellt.

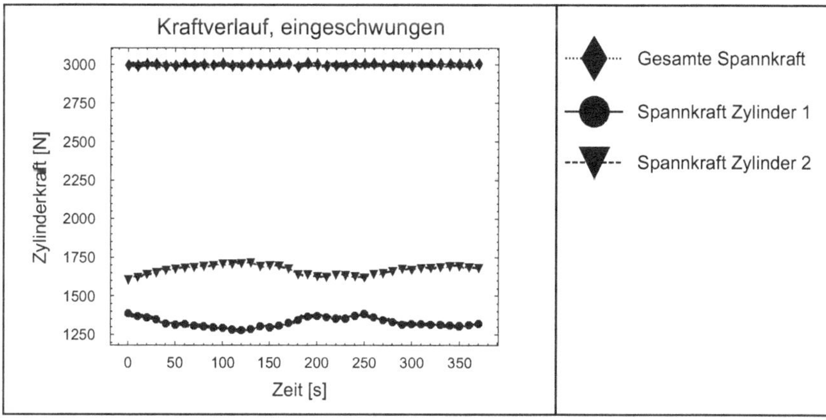

Bild 4.13: Kraftverlauf der Spannzylinder des Stahlbandes
Force signals of the web-tension cylinders

Während die geregelte Größe der Gesamtkraft des Bandes wie zu erwarten nahezu konstant bei einem Wert von 3 kN gehalten wird, weichen die Kraftwerte der einzelnen Zylinder leicht vom idealen Mittelwert von 1,5 kN ab. Dies spricht dafür, dass der Gleichgewichtspunkt des Stahlbandes nicht genau mittig auf den Umlenkwalzen liegt, sondern leicht seitlich versetzt ist. Eine mögliche Ursache hierfür könnte ebenfalls in den Fertigungstoleranzen der Schweißnaht liegen, da ein solches Verhalten bei ungleich langen Bandkanten zu erwarten ist.

Das schwingende Verhalten aus Bild 4.12 ist in den Kraftsignalen jedoch nicht zu erkennen. Es liegt daher der Schluss nahe, dass die zuvor beobachteten Schwingungen eher durch die Toleranzen der Bandkante als durch einen realen seitlichen Versatz erzeugt werden.

4.5.2 Betrachtung der Prozesskräfte

Analysis of process forces

Die Betrachtung der Prozesskräfte erfolgt anhand der Daten der verbauten Kraftsensoren an der pneumatischen Andruckeinheit sowie an den elektromechanischen Zylindern zur Aufbringung der Bandspannung. Das Messprinzip der Kraftsensoren beruht auf Dehnungsmessstreifen (DMS), welche im direkten Kraftweg verbaut wurden. Die Kraftsensorik kann dabei mithilfe von Tellerfedern und einer Einstellschraube definiert vorgespannt werden, um den linearen Bereich des DMS optimal zu nutzen. Bild 4.14 zeigt die Einbausituation der Kraftsensorik an den drückenden Pneumatikzylindern sowie den ziehenden elektromechanischen Zylindern.

Einbausituation DMS-Sensor

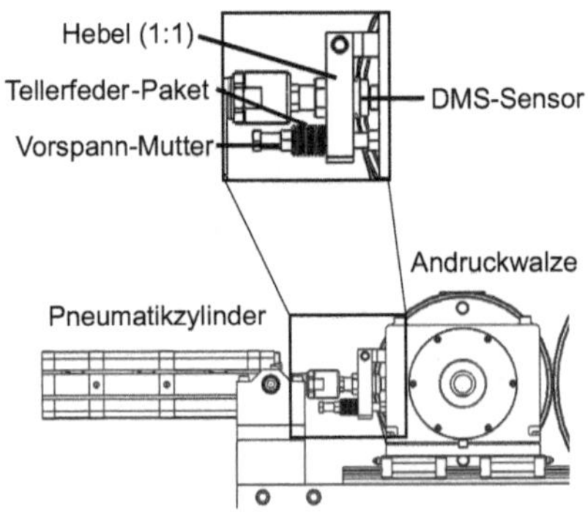

Kraftmessung

Die DMS-Kraftaufnehmer sind im direkten Kraftweg der Zylinder angebracht. Über einen 1:1 übersetzten Hebelmechanismus und ein Tellerfederpaket können die Sensoren vorgespannt werden.

Bild 4.14: Detailansicht der Kraftmessung an der pneumatischen Andruckwalze
Detailed view of the force measurement system at the pneumatic pressure-drum

Die verwendeten DMS-Sensoren haben einen Messbereich von 0-10 kN bei einer Messgenauigkeit mit einem Fehler <0,5% FSO (Abk. Full Scale Output) [KIST18]. Zur Verwendung der Sensorik im linearen Bereich wurden diese mit einem Offset im Bereich von etwa 10% FSO vorgespannt. Zur Charakterisierung der Prozesskräfte wurden die Steuerungsdaten unterschiedlicher Vorversuche und durchgeführter Pilotfertigungen auf der Anlage aufgezeichnet.

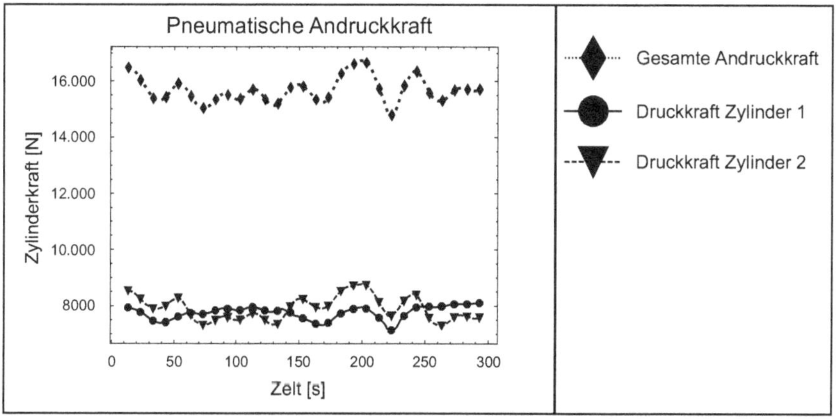

Bild 4.15: Kraftverlauf der Pneumatikzylinder unter einem Druck von 6 bar
Force signals of the pneumatic cylinders at a pressure of 6 bars

Die Kraftverläufe der pneumatischen Zylinder zeigen hohe Prägekräfte von ca. 16 kN an der Prägestelle. Nach der Hertz'schen Kontakttheorie herrscht unter den gegebenen geometrischen Bedingungen und Materialkennwerten bei diesen Kräften ein Maximaldruck von etwa 900 bar - 940 bar, was typische Drücke für die Prägung von Mikro- und Nanostrukturen aus anderen aus der Literatur bekannten Systemen einschließt. (vgl. [RANK17; LOU17; PENG16])

Die Zugkraft der elektromechanischen Zylinder zur Erzeugung der Bandspannung ist in Bild 4.13 dargestellt und liegt mit einer Gesamtkraft von 1 kN – 4 kN deutlich unter den Kräften der Pneumatikzylinder der Andruckwalze. Dies liegt in diesem Fall nicht an der gewählten Maximalkraft der E-Zylinder, sondern an den auftretenden Biegespannungen im Stahlband, welche die maximale Spannkraft herabsetzen. Da die Kraft des Stahlbandes zusätzlich über die deutlich größere Fläche eines halben Walzenumlaufs verteilt wird, sind die resultierenden Drücke hier weitaus geringer. Bei einer Vorspannung von 4 kN liegt der zu erwartende Andruck des Stahlbandes rechnerisch bei etwa 0,2 bar.

4.6 Zwischenfazit

Interim Conclusion

Das in Kapitel 4 vorgestellte Anlagenkonzept bietet einen Lösungsansatz zur Beantwortung der ersten Forschungsfrage, welche auf die Gestaltung eines variothermen graduellen Heißprägesystems auf Basis eines Induktionsheizers abzielt. Im Rahmen dieser Arbeit wurde ein Konzept erarbeitet und aufgebaut, welches sich in das bestehende modulare Rolle-zu-Rolle-System am Fraunhofer IPT integrieren lässt und das Potential einer vollständig variothermen Prozessführung bietet.

Neben der Konzeption des Moduls wurde das mechanische Laufverhalten der Prägeeinheit empirisch untersucht, um die Erfüllung der Anforderungen an eine Prägeeinheit für die Herstellung thermoplastischer Mikrostrukturen sicherzustellen. Hierfür wurden in der Maschinensteuerung vorliegende Sensordaten ausgewertet.

Die Prägeeinheit des Moduls besteht aus einer Hochdruckzone am Folieneinlauf sowie einem Stahlband zur Aufrechterhaltung eines kontinuierlichen Nachdrucks. Während die Sensorik an der Einlaufstelle Kräfte im Bereich von 16 kN misst, was einem rechnerischen Prägedruck von etwa 900 bar entspricht, liefert das Stahlband nur einen deutlich geringeren Andruck von weniger als 1 bar. Auf der Basis dieser Ergebnisse ist kein signifikanter Einfluss der Stahlbandspannung auf das allgemeine Prägeergebnis zu erwarten. Nichtsdestotrotz wird das Polymermaterial auch während des Abkühlvorgangs an die Prägewalze angedrückt, sodass ein Rückfluss des Polymers aus den Kavitäten verhindert wird.

Ein wichtiges mechanisches Merkmal des Moduls ist das laterale Laufverhalten des Stahlbandes. Dieses wird an der Anlage mithilfe einer federnd gelagerten Walze gesteuert und mit Hilfe zweier Ultraschallsensoren kontinuierlich überwacht. Das Laufverhalten zeigt einen periodisch auftretenden seitlichen Versatz von ca. ± 1 mm. Dabei lassen sowohl die Periodizität des Signals als auch die Amplitude darauf schließen, dass eher die Fertigungstoleranzen des Bandes gemessen werden und weniger der eigentliche Seitenversatz.

Zusammenfassend wurde im vorangegangenen Kapitel ein vielversprechendes Anlagenkonzept für die Herstellung mikro- und nanostrukturierter Folien im variothermen Heißprägeprozess vorgestellt. Dieses kann als Ansatz zur Beantwortung der ersten Forschungsfrage verstanden werden. In den nachfolgenden Kapiteln wird insbesondere das induktive Heizsystem der Anlage weiterführend untersucht und charakterisiert.

5 Untersuchung der thermischen Prozesseinflüsse auf die kontinuierliche T-NIL

Investigation of thermal process influences on the continuous T-NIL

Auf die Vorstellung des entwickelten Heißprägemoduls im vorangegangenen Kapitel folgt nun eine theoretische Betrachtung des konzeptionierten Erwärmungsprozesses. Das Herzstück des kontinuierlich variothermen Verfahrensansatzes bildet der außenliegende Induktionsheizer. Dieser soll insbesondere in Bezug auf die erreichbare Temperaturhomogenität genauer betrachtet werden. Im ersten Unterkapitel wird daher eine Berechnung des aufgrund der Geometrie des Induktors und der bekannten Materialeigenschaften zu erwartenden Magnetfeldes und der damit verbundenen Heizleistung durchgeführt.

Im zweiten Unterkapitel werden die Ergebnisse der Magnetfeldsimulation in ein thermisches Modell auf Basis eines konzentrierten Kapazitätsmodelles überführt, um eine Abschätzung des Temperaturverhaltens auf der Walzenoberfläche zu erhalten.

Im dritten Unterkapitel werden die Simulationsergebnisse vorgestellt und die simulierten Prozessparameter näher betrachtet. Dabei wird der Betrieb des Induktionsheizers sowohl gepulst-, als auch kontinuierlich-betrieben untersucht, um mögliche Verbesserungspotentiale hinsichtlich einer homogenen Temperaturverteilung zu erschließen. Abschließend erfolgt die Betrachtung der zu erwartenden azimutalen Temperaturgradienten im Bereich der Materialumformung.

In allen in diesem Kapitel vorkommenden Gleichungen werden vektorielle Größen zur Unterscheidung von skalaren Größen fett gedruckt.

5.1 Theoretische Betrachtung des induzierten Magnetfelds

Theoretical investigation of the induced magnetic field

Für die theoretische Untersuchung des Heizprozesses eines T-NIL-Systems mit Halbschaleninduktor ist es zunächst notwendig das induzierende Magnetfeld zu berechnen. Zur Beschränkung der Berechnung auf relevante Einflüsse werden die folgenden vereinfachenden Annahmen getroffen:

- **Das Material des Werkstücks besitzt isotrope Eigenschaften (A1)**
  Diese Annahme beinhaltet, dass die magnetische Permeabilität μ sowie die spezifische elektrische Leitfähigkeit σ an allen Stellen des untersuchten Werkstückes denselben Wert haben und weder orts- noch frequenzabhängig sind. Die Annahme isotroper Werkstoffe kann bei der Modellierung makroskopischer Prozesse im Millimeterbereich in guter Näherung angenommen werden.

- **Die Ausbreitung des Magnetfeldes erfolgt instantan (A2)**
  Diese Annahme beinhaltet, dass die endliche Lichtgeschwindigkeit vernachlässigt werden kann und elektromagnetische Felder sich augenblicklich ausbreiten. Dies führt insbesondere dazu, dass der Maxwell'sche Verschiebungsstrom vernachlässigt und auftretende Magnetfelder als „quasistatisch" betrachtet werden können. In Bezug auf elektromagnetische Phänomene kann diese Annahme getroffen werden, wenn das System von Interesse klein gegenüber der betrachteten Wellenlänge ist.
  Beim hier vorliegenden Fall liegt die kleinstmögliche Wellenlänge bei etwa 3 km (100 kHz), was sich wiederum um einen Faktor 10^4 von der Größe des betrachteten Systems unterscheidet. Somit kann die Ausbreitung des Magnetfeldes als instantan betrachtet werden.

- **Der Werkstoff des Prägewerkzeugs ist nicht ferromagnetisch (A3)**
  Die in diesem Abschnitt durchgeführten Berechnungen sind ausschließlich für diamagnetische und paramagnetische Stoffe gültig. Insbesondere wird hierbei eine lineare Beziehung zwischen der magnetischen Flussdichte **B** und der magnetischen Feldstärke **H** vorausgesetzt, was für ferromagnetische Stoffe im Allgemeinen nicht gültig ist. [JACK06]
  Da die in dieser Arbeit verwendeten Prägewerkzeuge an ihrer Oberfläche hauptsächlich aus Kupfer bestehen, schränkt diese Annahme die Anwendbarkeit für das entwickelte System nicht ein.

- **Das Zentrum der Ausbreitung des Magnetfeldes liegt in der Mitte der Spulenleiter (A4)**
  Die im realen System verwendete Induktionsspule besteht aus hohlen Kupferrohren, um welche sich das Magnetfeld radialsymmetrisch ausbreitet. Zur vereinfachten Modellierung der Geometrie wird angenommen, dass der Ursprung des Magnetfeldes im Mittelpunkt der Spulenleiter liegt. Für die Berechnung der Feldstärke werden jedoch die realen Leitungsdurchmesser der Kupferspule herangezogen. Weiterhin beziehen sich alle relativen Abstände zur Spule auf die tatsächliche Unterkante der Spulenleiter und liegen somit um den Radius der Spulenleiter zusätzlich versetzt vom Ursprung des Magnetfeldes. Die einzelnen Leiter werden somit im weiteren Verlauf des Kapitels als Linienleiter betrachtet. Bild 5.1 zeigt eine schematische Darstellung der getroffenen Vereinfachung.

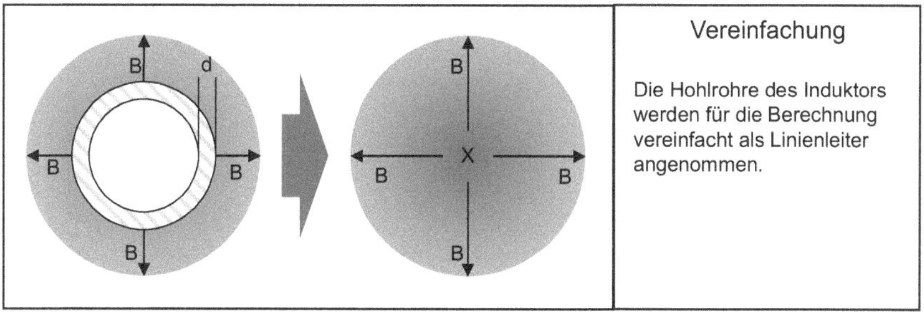

Bild 5.1: Vereinfachung der Hohlrohre des Induktionsheizers als Linienleiter
Simplification of the hollow-tubes as line-conductors

Mit Hilfe der obigen Annahmen kann nun die im Prägewerkzeug erzeugte Wärme approximativ berechnet werden. Die einzelnen Schritte zur Berechnung der Felder sind in den folgenden Unterabschnitten erläutert.

5.1.1 Aufbau der Simulation

Setup of the simulation

Ausgehend von Annahme A2 können die Grundgleichungen der Magnetostatik für quasistationäre Felder für die Beschreibung des vorliegenden Systems verwendet werden. Der Begriff „quasistationär“ beschreibt dabei zeitlich veränderliche Felder, deren zeitliche Änderung sehr viel schneller oder sehr viel langsamer als die relevante Zeitskala des betrachteten Problems stattfindet.

Im Folgenden wird zunächst der geometrische Aufbau der Simulation beschrieben und eine Berechnung des magnetischen Feldes durchgeführt. Im Anschluss wird die Diffusion des Feldes in das Werkstückmaterial beschrieben und der daraus resultierende Wärmeeintrag berechnet. Die Herangehensweise zur Berechnung des Magnetfeldes und des daraus resultierenden Wärmeeintrags ist dabei an die von Jackson beschriebene vereinfachte Berechnung aus [JACK06] angelehnt.

Geometrische Situation

Im entwickelten Anlagenkonzept befindet sich der Induktionsheizer in einem einstellbaren Abstand von wenigen Millimetern über der Prägewalze. Die einzelnen Rohre des Induktors sind dabei auf den Krümmungsradius der Prägewalze angepasst, sodass sich der Induktor an jedem Ort der umschlossenen Oberfläche in gleicher Entfernung zur Walzenoberfläche befindet. Bild 5.2 zeigt eine Draufsicht des Induktionsheizers als CAD-Zeichnung sowie ein Foto der realen Situation.

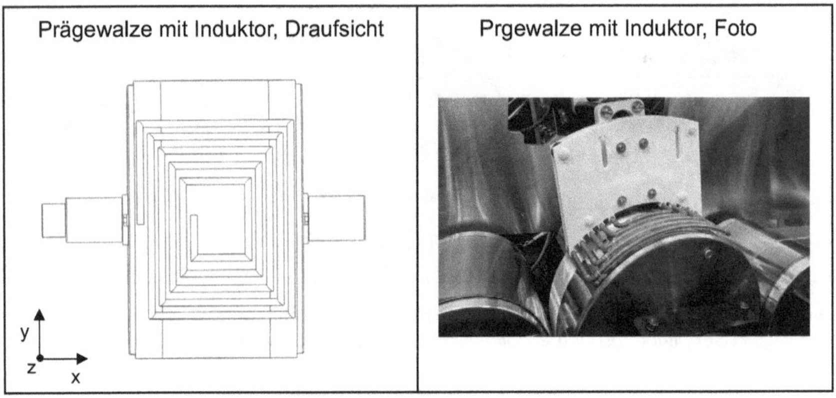

Bild 5.2: Induktionsspule mit Prägewalze (Draufsicht) und Foto während eines Versuchs
Induction coil with embossing-drum (top-view) and real picture during an experiment

Unter der Annahme idealer geometrischer Bedigungen ohne Toleranzen wird die folgende Berechnung in einem kartesischen Koordinatensystem betrachtet. Die Induktionsspule liegt hierbei in der xy-Ebene bei z=0. Die magnetische Flussdichte am Ort der einzelnen Werkstückelemente wird für eine parallel zur xy-Ebene liegende, in z-Richtung verschobenen Ebene am Ort $z=-z_0$ berechnet. z_0 beschreibt die Oberfläche der Prägewalze.

Berechnung des magnetischen Feldes

Einen Zusammenhang zwischen einer örtlich auftretenden Stromdichte und dem in einem Abstand r entstehenden Magnetfeld stellten erstmals Jean-Baptiste Biot und Fèlix Savart im Jahre 1820 auf. Dieser als Biot-Savart'sche Gesetz bekannte Zusammenhang gilt unter der Annahme einer unendlich schnellen Ausbreitung des Magnetfeldes und damit quasistationären Feldern (A2).

$$\mathbf{B}(\boldsymbol{r},\mathrm{t}) = \frac{\mu_0}{4\pi}\int \mathrm{d}^3\mathrm{r}'\,\mathbf{J}(\mathbf{r}',\mathrm{t}') \times \frac{\mathbf{r}-\mathbf{r}'}{|\mathbf{r}-\mathbf{r}'|^3} \tag{5.1}$$

Gleichung (5.1) stellt den von Biot und Savart erarbeiteten Zusammenhang dar. Hierbei bezeichnet **B**(**r**,t) den Vektor der magnetischen Flussdichte am Ortsvektor **r** zur Zeit t. **J**(**r'**,t') bezeichnet die das Magnetfeld erzeugende Stromdichte am Ort **r'** zur Zeit t'.

Mit Annahme A4 und der in Bild 5.1 dargestellten Betrachtung der einzelnen Spulenelemente als Linienleiter kann die durch ein in Stromflussrichtung zeigendes Spulenelement **dl** am Ort **r** erzeugte infinitesimale magnetische Flussdichte durch Gleichung (5.2) beschrieben werden. Dabei beschreibt **r'** den Ort des Spulenelements **dl**.

$$dB(r) = \frac{\mu_0}{4\pi} \cdot I \cdot dl \times \frac{r - r'}{|r - r'|^3} \tag{5.2}$$

Aus der Kenntnis der Spulengeometrie, der Frequenz und des Stromflusses lässt sich die magnetische Flussdichte mit Gleichung (5.2) nun für beliebige Punkte auf der Werkstückoberfläche berechnen. Für die perspektivische Berechnung des Wirbelstromeintrags und der damit zusammenhängenden induktiven Erwärmung des Werkstücks ist jedoch die Kenntnis der in das Werkstück eindringenden magnetischen Feldstärke **H**(**r**,t) notwendig.

Das Eindringen eines magnetischen Feldes in ein Material wird unter der Annahme einer räumlich konstanten und frequenzunabhängigen Leitfähigkeit σ und magnetischen Permeabilität μ (Annahme A1) durch die Diffusionsgleichung der Magnetostatik (Gl. (5.3)) beschrieben.

$$\nabla^2 B = \mu\sigma \frac{\partial}{\partial t} B \tag{5.3}$$

Über den für nicht-ferromagnetische Materialien (Annahme A3) gültigen skalaren Zusammenhang **B**=μ**H** kann die Diffusionsgleichung direkt zur Bestimmung der magnetischen Feldstärke im Leiter verwendet werden. Durch einen Ansatz für **H** in Form einer komplexen Exponentialfunktion ergibt sich aus Gleichung (5.3) der in Gleichung (5.4) dargestellte Zusammenhang.

$$(\nabla^2 + i\omega\sigma\mu) H(r) e^{-i\omega t} = 0 \; ; \qquad \text{mit: } H(r,t) = H(r) e^{-i\omega t} \tag{5.4}$$

Aus der Diskretisierung des Werkstücks in endliche Flächenelemente folgt die Vereinfachung, dass das Magnetfeld innerhalb eines lokalen Flächenelements an einem festen Zeitpunkt konstant sein soll. Aus dieser Nebenbedingung und der Lage des Werkstücks in der xy-Ebene kann eine stationäre Lösung für Gl. (5.4) in der folgenden Form formuliert werden.

$$\left(\frac{\partial^2}{\partial z^2} + i\omega\sigma\mu\right) H_0 e^{ikz} = 0; \qquad \text{mit: } H(r,0) = H_0 e^{ikz}; \; \frac{\partial}{\partial x} = \frac{\partial}{\partial y} = 0 \tag{5.5}$$

Nach Lösung von Gl. (5.5) erhält man für die Konstante *k* der Exponentialfunktion den in Gleichung (5.6) beschriebenen Ausdruck. Aus dieser Lösung folgt die Definition der

Skintiefe δ, welche das Abfallen der magnetischen Feldstärke auf das 1/e-fache des Wertes an der Werkstückoberfläche beschreibt.

$$k^2 = i\mu\sigma\omega; k = \pm(1+i)\sqrt{\frac{\mu\sigma\omega}{2}}; \delta = \sqrt{\frac{2}{\mu\sigma\omega}} \tag{5.6}$$

Mithilfe der stationären Lösung und der Nebenbedingung, dass das Feld für große Eindringtiefen auf 0 abfallen und endlich bleiben soll, lässt sich eine allgemeine Lösung für Gl. (5.5) formulieren, welche einen Ausdruck für die magnetische Feldstärke im Inneren des betrachteten Leiters liefert.

$$\begin{aligned} &Allg. Lösung: \boldsymbol{H}(\boldsymbol{r},t) = \boldsymbol{A}e^{-\frac{z}{\delta}}e^{\frac{iz}{\delta}-i\omega t} + \boldsymbol{B}e^{\frac{z}{\delta}}e^{-\frac{iz}{\delta}+i\omega t} \\ &Nebenbedingung: \boldsymbol{B} = \boldsymbol{0}; \boldsymbol{H}(\boldsymbol{0},t) = \boldsymbol{H}_0 e^{-i\omega t}; \boldsymbol{A} = \boldsymbol{H}_0 \end{aligned} \tag{5.7}$$

Die physikalischen Felder sind hierbei auf den Realteil der komplexen Funktion beschränkt. Mit Hilfe der Formulierung der komplexen Exponentialfunktion als Sinus- und Kosinus-Funktionen ergibt sich der in Gleichung (5.10) beschriebene Ausdruck für die magnetische Feldstärke in Abhängigkeit von der Eindringtiefe z.

$$\boldsymbol{H}(\boldsymbol{r},t) = \boldsymbol{H}_0 e^{-\frac{z}{\delta}} \cos\left(\frac{z}{\delta} - \omega t\right) \tag{5.8}$$

Über das Ampère'sche und Ohm'sche Gesetz mit den jeweiligen Relationen $\boldsymbol{\nabla} \times \boldsymbol{H} = \boldsymbol{J}$ und $\boldsymbol{J} = \sigma\boldsymbol{E}$ ergibt sich die im zeitlichen Mittel abgegebene Leistung pro Volumeneinheit in Abhängigkeit von der Eindringtiefe z zu Gleichung (5.9).

$$\frac{dP}{dV} = \langle \boldsymbol{JE} \rangle = (\boldsymbol{\nabla} \times \boldsymbol{H}) * (\boldsymbol{\nabla} \times \boldsymbol{H}) * \frac{1}{\sigma} = \frac{1}{2}\mu\omega \cdot (H_{0x}^2 + H_{0y}^2) \cdot e^{-\frac{2z}{\delta}} \tag{5.9}$$

Wie in Gleichung (5.9) zu sehen ist, ist die eingebrachte Wärmeleistung pro Volumenelement nur von x- und y-Komponente des Magnetfeldes abhängig, nicht jedoch von H_z. Mathematisch ergibt sich diese Abhängigkeit aus dem Kreuzprodukt im Ampère'schen Gesetz, bei dem die z-Komponente der induzierten Stromdichte aufgrund der fehlenden Abhängigkeiten des H-Feldes von x- und y-Richtung verschwindet. Phänomenologisch ist dieses Verhalten dadurch zu erklären, dass das begleitende elektrische Feld einer elektromagnetischen Welle im Falle einer z-Komponente des Magnetfeldes tangential zur Leiteroberfläche verläuft. Da die Elektronen in der Oberfläche des Leiters im Falle guter Leiter nahezu frei beweglich sind, würden diese einem tangentialen elektrischen Feld augenblicklich folgen, sodass sich die Welle nicht in das Leiterinnere ausbreiten kann. Folglich kann die z-Komponente des Magnetfeldes nicht zur Entstehung einer Stromdichte im Werkstück beitragen.

Um die gesamte eingebrachte Leistung im Werkstück zu erhalten, ist das Volumenintegral von Gleichung (5.9) zu bilden, welches sich für ein Volumen mit den Abmessungen x_0,y_0,z_0 nach Gleichung (5.10) darstellt.

$$P(x_0, y_0, z_0) = x_0 y_0 \frac{\mu\omega\delta}{4} \cdot (H_{0x}^2 + H_{0y}^2) \cdot (1 - e^{\frac{-2z_0}{\delta}}) \tag{5.10}$$

Anhand von Gleichung (5.10) ist zu sehen, dass in größeren Oberflächenabständen als der Skintiefe δ kein nennenswerter Wärmeeintrag mehr stattfindet. Mit Hilfe der Gleichungen (5.1) bis (5.10) kann für jedes Werkstückelement am Ort **r** die von einem Spulenelement am Ort **r'** ausgehende induzierte Wärmeleistung berechnet werden. Durch Aufsummieren der Beiträge eines jeden Spulenelements zur Wärmeerzeugung in einem Werkstückelement kann die Verteilung der eingebrachten Wärmeleistung auf dem Werkstück bzw. der Prägewalze berechnet werden. Die im Wesentlichen einzustellenden Simulationsparameter sind dabei die Frequenz und Amplitude des Stromes in der Induktionsspule sowie der Abstand zwischen Spulenebene und Werkstückebene.

Im folgenden Unterkapitel werden verschiedene Prozesseigenschaften anhand der bisher aufgebauten Simulation untersucht. Die hieraus gewonnenen Erkenntnisse können wiederum zur Verbesserung der experimentellen Überprüfung des Konzeptes beitragen.

5.1.2 Simulationsergebnisse des Magnetfeldes

Simulation results of the magnetic field

Von besonderem Interesse bei der Simulation der eingebrachten Wärmeenergie sind die zu erwartende Temperaturverteilung auf der Prägewalze sowie die axiale Temperaturverteilung. Aufgrund des in Abschnitt 2.1.6 erläuterten Prozessfensters ist eine homogene Temperaturverteilung essentiell, um ein gleichmäßiges Prägeergebnis zu erreichen. Die Literaturwerte anderer Forschungsgruppen im Bereich des kontinuierlichen Heißprägens stellen übereinstimmende Anforderungen an die axiale Temperaturhomogenität von ca. ± 1,5 °C ([MOON15], [PENG16], [YUN12]). Da zu erwarten ist, dass die Temperatur des Werkstücks direkt mit der eingebrachten Wärmeleistung pro Flächenelement zusammenhängt, werden im folgenden Unterkapitel die Einflüsse auf die zu erwartende Leistungsverteilung in einem flachen Werkstück untersucht.

Einfluss des Abstands

Gemäß der Einflüsse aus den in den Gleichungen (5.2) und (5.10) ersichtlichen Zusammenhängen zwischen Abstand und magnetischer Flussdichte sowie dem Einfluss auf die eingebrachte Wärmeleistung ist eine starke Auswirkung des Induktorabstandes auf die eingebrachte Wärmeleistung zu erwarten. Hierbei geht aus den Gleichungen ein antiproportionaler Zusammenhang hervor. Alle Abstände in den folgenden Ergebnissen sind bereits um den Außenradius der Rohre des Induktionsheizers korrigiert und können als Maß von der Unterkante des Induktionsheizers zur Prägewalze interpretiert werden.

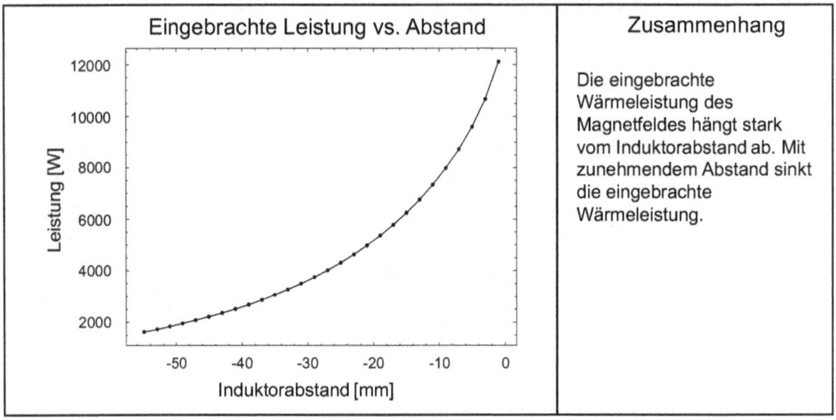

Bild 5.3: Zusammenhang von induzierter Leistung und Induktorabstand
Relation between induced power and distance of the induction coil

Bild 5.3 stellt den Zusammenhang zwischen der eingebrachten Induktorleistung ins Werkstück und dem Induktorabstand dar. Die Simulation wurde für eine Frequenz von 50 kHz und einen Induktorstrom von 114 A durchgeführt. Der Wert für den Induktorstrom entspricht dabei einem Messwert am realen System bei einer Gesamtleistung von 27 kW. Während die eingebrachte Leistung für einen niedrigen Abstand von 1 mm bei ca. 44 % der Gesamtleistung liegt, sinkt diese bei einem Abstand von 50 mm bereits auf unter 10 % ab. Typische Literaturwerte für die Effizienz der induktiven Heizung von Kupfer in industriellen Systemen liegen abhängig vom Aufbau des Systems bei 40 % - 60 % [HILT05; RUND02].

In Bezug auf die axiale Homogenität der eingebrachten Wärmeleistung ist ebenfalls ein starker Einfluss des Abstandes zu erwarten. Während einzelne Spulensegmente sich bei geringen Induktorabständen gegenseitig abschirmen, ist bei größeren Abständen eine Überlagerung der Magnetfelder und somit eine Homogenisierung der Wärmeleistung zu erwarten.

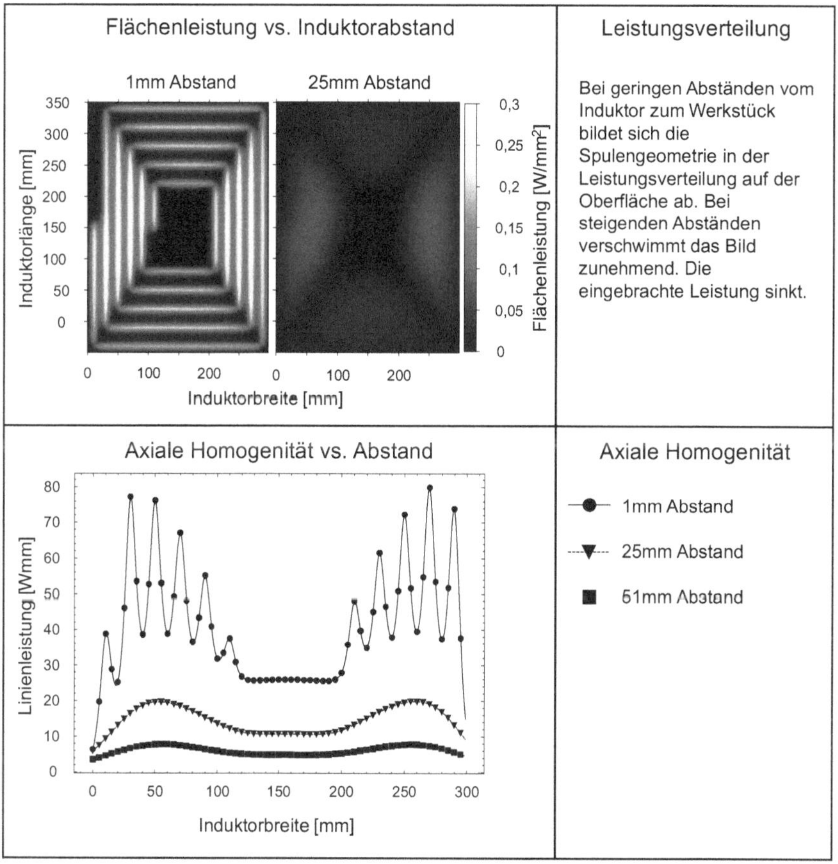

Bild 5.4: Leistungsverteilung des Induktionsheizers bei variablen Abständen
Power distribution of the induction heating system at various distances

In Bild 5.4 ist die Leistungsverteilung des Induktionsheizers bei variablen Abständen dargestellt. Im oberen Bild sind für geringe Abstände deutlich die einzelnen Windungen des Induktors zu sehen, während das Abbild der Induktionsspule für größere Abstände weitestgehend verschwimmt.

Zur qualitativen Bewertung der axialen Homogenität wurde die oben dargestellte Leistungsmatrix spaltenweise aufsummiert, sodass die Kurven im unteren Bild die Leistung darstellen, die in einen Quadratmillimeter der Prägewalze während seines Durchlaufs unter dem Induktor eingebracht wurde. Für geringe Abstände von der Induktionsspule sind deutliche Leistungsmaxima an den Stellen der Induktorsegmente in Umlaufrichtung zu erkennen. Mit steigendem Abstand überlappen die einzelnen Maxima und bilden breitere lokale Hochpunkte. Bei großen Abständen fallen die Einflüsse der Segmente zunehmend weniger ins Gewicht, bis die Leistungskurve einen nahezu flachen

Verlauf annimmt. Wie bereits aus der Betrachtung der Gesamtleistung hervorgeht, sind die Leistungswerte hier jedoch deutlich geringer als bei niedrigen Abständen.

Einfluss der Frequenz

Im gewählten Simulationsansatz werden die Materialkennwerte wie die elektrische Leitfähigkeit und die magnetische Permeabilität als frequenzunabhängig betrachtet. Somit ist nach Gleichung (5.10) ein annähernd linearer Einfluss der Frequenz auf die eingebrachte Leistung zu erwarten.

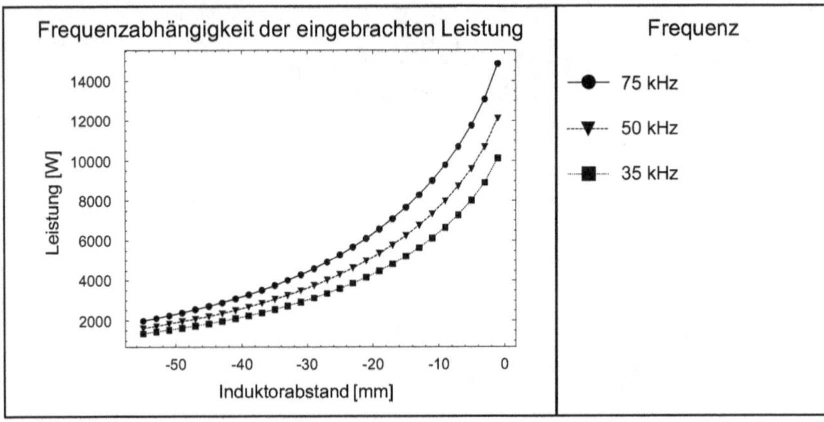

Bild 5.5: Simulierter Zusammenhang von Frequenz, Induktorabstand und Leistung
Simulated relation between frequency, coil distance and power

Bild 5.5 zeigt den simulierten Zusammenhang zwischen Frequenz, Induktorabstand und eingebrachter Wärmeleistung. Die drei gewählten Frequenzen entsprechen den mit dem physischen System realisierbaren Parametern. Alle Ergebnisse wurden für eine Gesamtleistung von 27 kW simuliert.

5.1.3 Bewertung der Simulationsergebnisse

Evaluation of the simulation results

Die Simulationsergebnisse des vorangegangenen Abschnittes zeigen eine wesentliche Herausforderung des erarbeiteten Konzeptes. Während die Homogenität der eingebrachten Wärmeleistung mit steigendem Abstand deutlich zunimmt, sinkt die eingebrachte Leistung und damit die Effizienz des Gesamtsystems stark ab. Ähnliche Probleme sind aus der induktiven Erwärmung zur Werkstoffbehandlung bekannt, wobei die Herausforderung dort meist in einer homogenen Temperaturverteilung über den Querschnitt eines Werkstücks liegt. Durch den Einsatz von Pulsweitenmodulation (PWM) und die Wärmeleitung während der Zeit zwischen den Pulsen wird die Temperatur in solchen Anwendungen homogenisiert und gibt damit einen Lösungsansatz für die in dieser Arbeit betrachteten Problemstellungen.

Des Weiteren kann der Induktionsheizer nicht bis an die Prägestelle angestellt werden, sodass zwischen der Aufheizung des Materials und der Prägestelle immer eine gewisse Distanz auf der Werkstückoberfläche liegt. Während dieser Totzeit ist eine Homogenisierung der Oberflächentemperatur zu erwarten. Prägewalzen, welche im Diamantzerspanungsprozess hergestellt werden, bestehen typischerweise aus Materialien mit hohen Wärmeleitfähigkeiten (Al, Cu, CuZn), was die Temperaturhomogenisierung an der Oberfläche begünstigt.

Zur Abschätzung der Walzentemperatur in axialer und azimutaler Richtung sind die simulierten Leistungsfelder alleine daher nicht geeignet. Aus diesem Grund wird im folgenden Unterkapitel eine thermische Simulation des Erwärmungsprozesses durchgeführt, für welchen die erarbeiteten Leistungsfelder als Eingangsgröße dienen.

5.2 Theoretische Betrachtung des Temperaturfeldes

Theoretical investigation of the temperature distribution

Zur weiteren Untersuchung der bisher erarbeiten Ergebnisse und deren Einfluss auf den realen Heißprägeprozess wird nun das auf dem Werkstück entstehende Temperaturfeld betrachtet. Primäres Ziel ist hierbei die Simulation des qualitativen Verhaltens, um mögliche Verbesserungspotentiale durch die Nutzung von Pulsweitenmodulation aufzudecken. Der nächste Unterabschnitt beschreibt das dabei gewählte Vorgehen.

5.2.1 Konzentriertes Kapazitätsmodell

Lumped capacity model

Analog zu dem aus der Mechanik bekannten Konzept zur Modellierung des Verhaltens schwingender Körper mittels Punktmassen und Federn können thermische Phänomene mit einem ähnlichen Ansatz auf Basis von Wärmekapazität und Wärmeleitfähigkeit dargestellt werden. Komplexe Geometrien können so als Zusammenschluss kleinerer Elemente mit definierter Wärmekapazität und definierten Wärmeübergängen zu benachbarten Körpern betrachtet werden. Hierdurch vereinfacht sich die Wärmeleitung zu einem rein zeitabhängigen Problem und wird durch Gleichung (5.11) beschrieben.

$$mc\dot{T} = \sum q_i \tag{5.11}$$

Die Summe aller Wärmelasten q_i setzt sich dabei aus dem Austausch von Wärme mit benachbarten Elementen (Wärmeleitung), dem Austausch von Wärme mit der Umgebung (Konvektion) und Strahlungsverlusten zusammen. Während Gleichung (5.11) im simulierten Körper gelegene Elemente vollständig beschreibt, spielen bei Oberflächenelementen Konvektions- und Strahlungsverluste eine Rolle. Für ein an der Oberfläche gelegenes Element k mit N Nachbarn ergibt sich daher der in Gleichung (5.12) beschriebene Zusammenhang für die Wärmeflüsse.

$$m_k c_k \dot{T}_k = \sum_{i=1}^{N} \dot{q}_i + \frac{\alpha_q A_k (T_k - T_{Umgebung}) + \sigma_B A_k \epsilon T_k^4}{dt}$$
$$\text{mit } \dot{q}_i = \frac{\frac{A_{ki}\lambda}{d_{ki}}(T_i - T_k)}{dt} \tag{5.12}$$

Zentrale Annahme dieses Ansatzes ist, dass innerhalb jedes simulierten Elementes ein homogenes Temperaturfeld vorliegt. Diese Annahme kann in guter Näherung getroffen werden, wenn der Wärmeaustausch zwischen benachbarten Elementen schneller stattfindet als der Temperaturaustausch mit der Umgebung. Die zu verwendende Elementengröße hängt somit direkt mit den Materialeigenschaften zusammen.

Charakteristisch für die Gültigkeit dieser Annahme ist die sogenannte Biot-Zahl, welche die Wärmeleitung und die auftretende Konvektion ins Verhältnis setzt. Dabei bezeichnet λ den Wärmeleitkoeffizienten, L die charakteristische Länge des Körpers und α_q den Wärmeübergangskoeffizienten. [HETN14]

$$Bi = \alpha_q L / \lambda \tag{5.13}$$

Für eine stabile Temperaturberechnung unter den getroffenen Annahmen ist die Biot-Zahl möglichst klein zu halten. Es gilt Bi << 1. Eine Abschätzung der Biot-Zahl wird im folgenden Unterabschnitt nach der Berechnung der zu erwartenden Konvektionsverluste durchgeführt.

Das folgende Unterkapitel beschreibt die Implementierung und Randbedingungen des gewählten Ansatzes in der Praxis.

5.2.2 Implementierung und Randbedingungen

Implementation and frame conditions

Implementierung

Zur Berechnung der Oberflächentemperatur auf der Prägewalze und des realisierbaren Temperaturgradienten innerhalb des Systems wurde im Rahmen dieser Arbeit ein Simulationsmodell auf Basis eines konzentrierten Kapazitätsmodells mithilfe der Programmiersprache Python implementiert.

Die Geometrie für die Simulation wird als quaderförmig betrachtet, sodass die Walze in einem „ausgerollten" Zustand dargestellt wird. Eventuelle Oberflächenstrukturen werden hierbei vernachlässigt. Der simulierte Walzenkörper stellt dabei eine dreidimensionale Matrix einzelner Elemente dar, welche durch ihre Größe und Materialeigenschaften charakterisiert sind. Die verwendeten Strukturbausteine und deren Hierarchie sind in Bild 5.6 dargestellt.

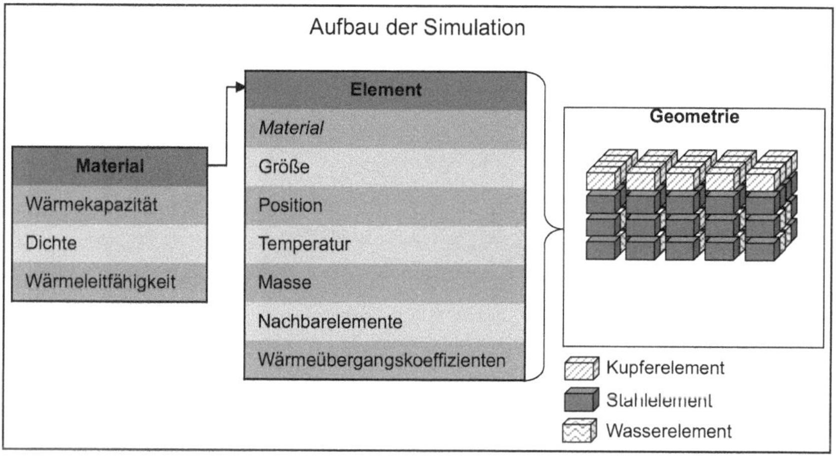

Bild 5.6: Aufbau der Simulation
Setup of the simulation

Die beiden in Bild 5.6 aufgeführten Tabellen stellen die implementierten Datenstrukturen für die einzelnen Elemente der Geometrie und deren Eigenschaften dar. Die unterschiedliche Füllung der einzelnen Elemente soll die Unterscheidung zwischen Oberflächenelementen und sonstigen Elementen verdeutlichen. In jedem Zeitschritt der Simulation wird die Wärme für jedes Element aus dem Wärmeaustausch mit seinen Nachbarelementen und gegebenenfalls Konvektion, Strahlung und externer Wärme durch den Induktionsheizer berechnet. Als Abbruchkriterium wird die durchschnittliche Temperaturänderung aller Oberflächenelemente pro Zeitschritt betrachtet. Sobald diese einen bestimmten Wert unterschreitet, wird das System als thermisch ausgeglichen betrachtet und die Simulation beendet. Bild 5.7 stellt den Ablauf der Simulation in einem Flussdiagramm dar.

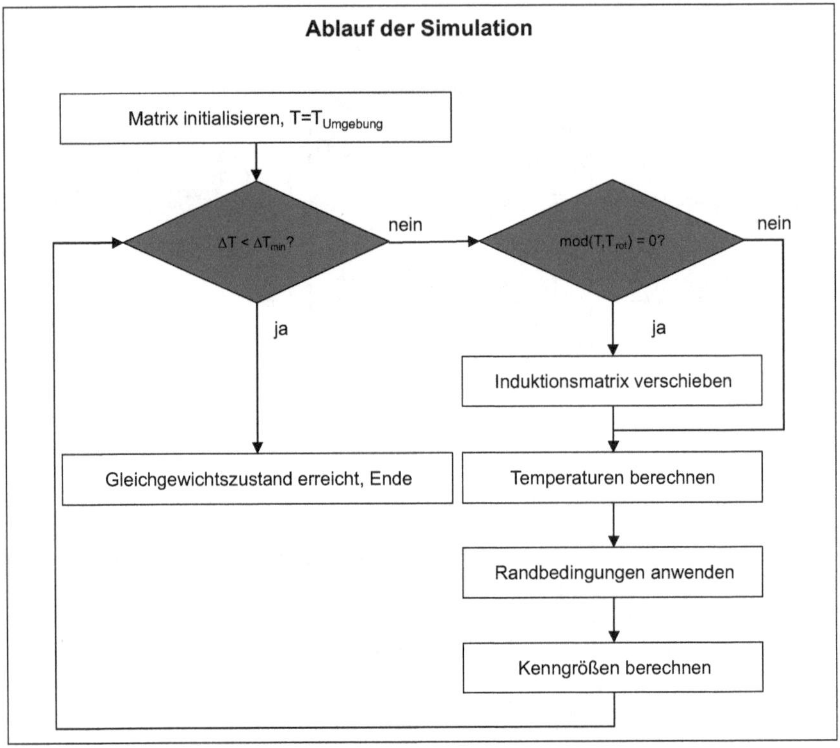

Bild 5.7: Flussdiagramm des Simulationsablaufs
Flow chart of the thermal simulation

Nach erfolgter Initialisierung der Matrix mit den entsprechenden Materialeigenschaften und der Umgebungstemperatur wird die Temperatur jedes Elementes pro Zeitschritt berechnet, bis die durchschnittliche Temperaturänderung eines Elementes unter einen definierten Minimalwert sinkt. Die Flächenleistungsmatrix des Induktionsheizers wird unter Berücksichtigung der Rotationsgeschwindigkeit dem aktuellen Zeitschritt entsprechend verschoben. Dieses Vorgehen impliziert, dass außerhalb der Induktionsfläche gelegene Elemente keiner von außen eingebrachten Wärmeleistung ausgesetzt sind. Damit werden Heizeffekte in der Nähe des Randbereiches der Induktionsspule vernachlässigt.

Die Simulationsergebnisse der Magnetfeldsimulation aus Abschnitt 5.1 wurden für einen festen Abstand als Matrix an Flächenleistungen (Einheit W/mm²) simuliert. Diese Matrix wurde während der Temperatursimulation auf die simulierten Oberflächenelemente angewendet und die ermittelten Flächenleistungen als elementenspezifische externe Leistungen eingerechnet. Aufgrund der Rotationsgeschwindigkeit der Walze wurde die externe Leistungsmatrix in der Simulation dem aktuellen Zeitschritt entsprechend entlang der Umfangsrichtung der Prägewalze verschoben, sodass die Leistung des Induktionsheizers wie auch in der Realität nur örtlich begrenzt wirkt. Bild 5.8 zeigt die Oberflächentemperatur der Walze und die sich aus der Geometrie des Induktors ergebende Verteilung beispielhaft für einen geringen Abstand zur Prägewalze.

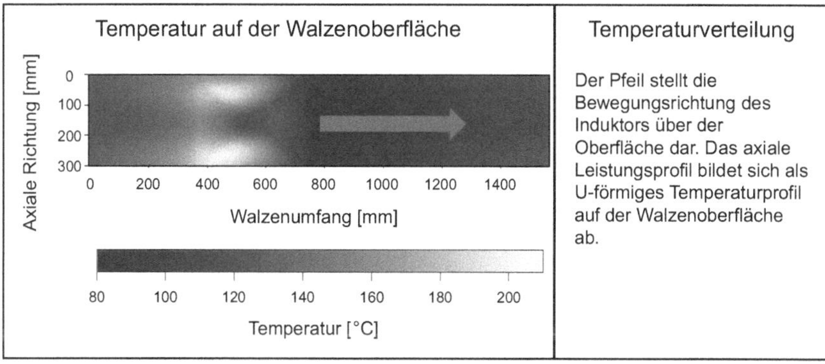

Bild 5.8: Qualitatives Temperaturprofil auf der Prägewalze während der Simulation
Qualitative temperature distribution on the embossing drum during the simulation

Der Pfeil zeigt die Bewegungsrichtung des Induktionsheizers relativ zur Walzenoberfläche. Zur besseren Veranschaulichung des Abbildes der Induktorgeometrie auf der Prägewalze wird die Simulation mit einem Abstand von 1 mm zwischen Induktor und Walzenoberfläche durchgeführt. Die Nachbarelemente an den Enden der Prägewalze sind periodisch gewählt, sodass ein Wärmeaustausch zwischen erstem und letztem Element stattfinden kann.

Randbedingungen

Unter den Randbedingungen der durchgeführten Simulation sind alle Einflussgrößen zusammengefasst, welche sich nicht aus der direkten Interaktion der Elemente miteinander innerhalb der Simulation ergeben. In den folgenden Unterabschnitten sind die einzelnen Einflussgrößen kurz erklärt und deren Größenordnung angegeben.

Innentemperatur der Prägewalze

Wie in Abschnitt 4.3.1 erklärt, ist die Prägewalze von innen flüssigkeitstemperiert, wobei als Temperiermedium zunächst Wasser verwendet wird. Aufgrund des hohen Volumens der Prägewalze wird vereinfacht angenommen, dass die Innenfläche der Walze stets die Temperatur des Wassers annimmt. Diese liegt typischerweise bei 80°C – 90°C.

Konvektionsverluste an der Walzenoberfläche

Da die Strömungsgeschwindigkeit der Luft an der Walzenoberfläche aufgrund der niedrigen Rotationsgeschwindigkeit von etwa 0,3 U/min bis 1,5 U/min vernachlässigbar klein ist, wird die freie Konvektion als wesentlicher Verlustmechanismus im Vergleich zur erzwungenen Konvektion angenommen. Jedes Oberflächenelement wird hierbei als ebene Platte mit laminarer Grenzschichtströmung betrachtet, deren

Konvektionsverluste zu jedem Zeitschritt neu berechnet werden. Zur Bestimmung des Wärmeübergangskoeffizienten wird die empirische Beziehung nach Gleichung (5.14) zwischen Grashof-Zahl, Prandtl-Zahl und Nusselt-Zahl genutzt. [HOLM76]

$$\overline{N_{UL}} = 0{,}54(Gr_L P_r)^{\frac{1}{4}} \tag{5.14}$$

Anschließend wird zu jedem Zeitschritt für alle Oberflächenelemente der Konvektionswärmestrom nach Formel (5.15) berechnet.

$$\dot{Q} = A_{Element}\alpha(T_{Element} - T_{Umgebung}) \tag{5.15}$$

Bei einer Temperaturdifferenz von 100°C zur Umgebung beläuft sich der insgesamt abgegebene Wärmestrom an die Umgebung auf etwa 1500 W im Falle einer freidrehenden Prägewalze.

Der Wärmeübergangskoeffizient ergibt sich im obigen Beispiel zu ca. 90 W/m^{2}K. Zusammen mit der thermischen Leitfähigkeit von Kupfer, welche mit ca. 400W/mK angenommen werden kann, ergibt sich eine Biot-Zahl von Bi≅ 0,001. Somit ist die Grundbedingung des konzentrischen Kapazitätsmodells erfüllt.

Verluste durch Wärmeleitung

Neben den Konvektionsverlusten spielen in der realen Maschine auch Wärmeleitungsverluste eine wesentliche Rolle. Für die Temperatur der Walzenoberfläche im Prozess ist dabei insbesondere die Wärmeleitung durch die zu verarbeitende Folie zum rückseitigen Stahlband von Bedeutung. Diese wird, analog zu den Konvektionsverlusten, in jedem Zeitschritt für alle Elemente berechnet. Für die Folie wurde in dieser Abschätzung eine 250 µm starke PETG-Folie mit einem Wärmeleitkoeffizienten von 0,2 W/mK angenommen, welche auch für die experimentellen Versuche im Rahmen dieser Arbeit genutzt wurde [VINK22]. Unter der Annahme einer konstanten Temperatur des Stahlbandes von 40°C ergibt sich über die im Einschluss befindliche Hälfte der Prägewalze ein Verlustwärmestrom von ca. 9400 W und stellt damit den dominanten Beitrag zur Wärmeabfuhr von der Prägewalze dar.

Verluste durch Wärmestrahlung

Als letzter Verlustmechanismus ist die Wärmestrahlung zu erwähnen. Diese kann über die Formeln für einen grauen Körper berechnet werden und wird ebenfalls für jedes Element berechnet. Für die Emissivität von Kupfer mit guter Oberflächenqualität wurde hier ein Wert von 0,03 verwendet [LANG13]. Bei einer Temperatur von 120°C betragen die Strahlungsverluste über die gesamte Prägewalze etwa 40 W und sind somit gegenüber den anderen Verlustmechanismen vernachlässigbar.

Sonstige Verluste

In der Realität ergeben sich zu den in der Simulation modellierten Verlusten weitere Wärmeströme, die bisher nicht berücksichtigt wurden. Die Simulation stellt aufgrund der Relevanz für den späteren Prägeprozess und der Anzahl darstellbarer Elemente lediglich die Oberfläche der Prägewalze dar, ohne die Seitenflächen oder die Achse der Walze zu berücksichtigen. Auch an diesen Flächen ergeben sich jedoch analog zu den bisher erwähnten Verlustmechanismen weitere Verlustleistungen. Diese werden im Simulationsmodell als pauschaler Verlust berücksichtigt. Der pauschale Wärmeverlust wird gleichmäßig auf alle simulierten Oberflächenelemente aufgeteilt und so ebenfalls elementspezifisch berücksichtigt.

5.3 Simulationsergebnisse

Simulation results

Mit Hilfe der in Abschnitt 5.1 und 5.2 erarbeiteten Simulationsumgebung kann das thermische Verhalten der Prägewalze nun simuliert werden. Im folgenden Unterkapitel werden die Simulationsergebnisse für unterschiedliche Prozessbedingungen dargestellt und anschließend im Hinblick auf die Anforderungen an kontinuierliche T-NIL-Prozesse bewertet. Von besonderem Interesse ist dabei der Temperaturgradient innerhalb des Walzenabschnitts, in welchem die Umformung des Folienmaterials stattfindet. Sowohl der axiale als auch der azimutale Temperaturverlauf sind hier ausschlaggebend für die mögliche Prozessqualität.

5.3.1 Kontinuierlicher Betrieb des Induktionsheizers

Continuous operation of the induction heating system

Zunächst wird das Temperaturprofil der Prägewalze mit kontinuierlichem Betrieb des Induktionsheizers und ohne die Berücksichtigung einer Folie modelliert, um erste Erkenntnisse über das allgemeine thermische Verhalten der Prägewalze zu gewinnen. Nach den Ergebnissen der Magnetfeldsimulation aus Abschnitt 5.1 ist zu erwarten, dass die axiale Temperaturverteilung eine abstandsabhängige Inhomogenität mit einem Temperatureinbruch in der Mitte der Prägewalze zeigt. Die azimutale Temperaturverteilung sollte qualitativ aus der Literatur bekannten Kurven gleichen und im Bereich der Position des Induktors einen steilen Anstieg und Abfall zeigen (vgl. [MICH12; SCHA11]).

Bei allen in diesem Unterkapitel dargestellten Temperaturprofilen handelt es sich um Gleichgewichtszustände, welche sich erst nach mehrmaligem Durchlauf der Walze unter dem Induktionsheizer einstellen. Als Abbruchkriterium für die Simulationen wurde eine mittlere Temperaturänderung der Elemente von maximal 10^{-5}°C angesetzt. Bild 5.9 und Bild 5.10 zeigen die Simulationsergebnisse in Bezug auf die azimutale und axiale Temperaturverteilung der Prägewalze bei unterschiedlichen Rotationsgeschwindigkeiten und Abständen des Induktors.

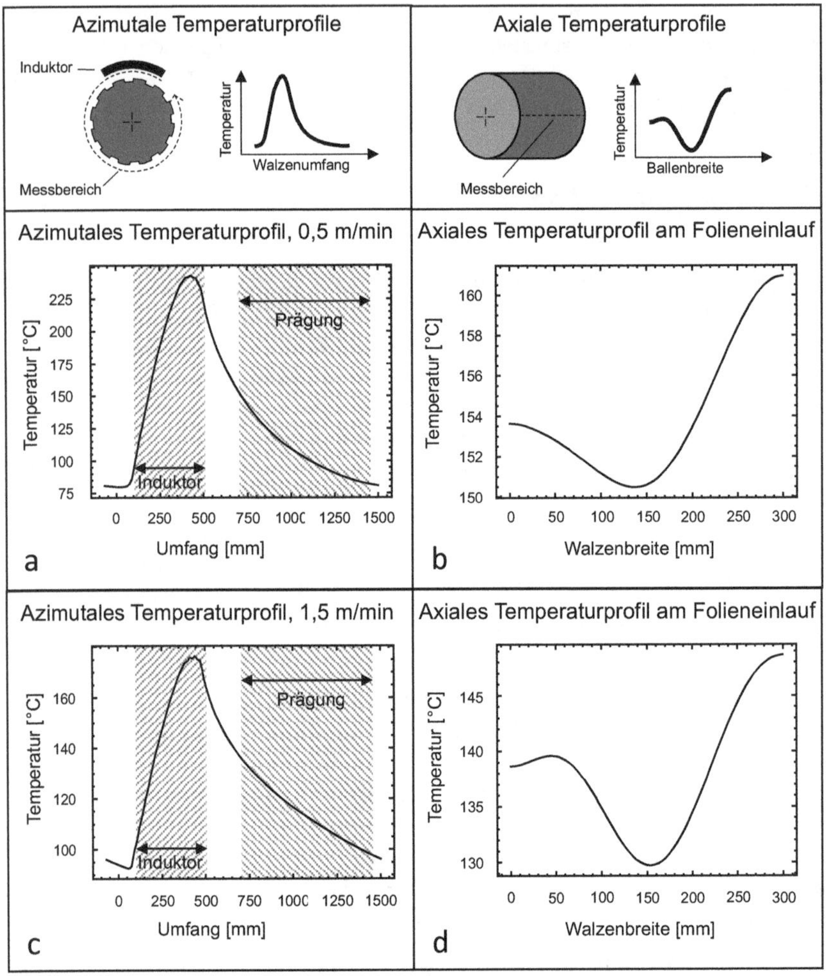

Bild 5.9: Simulierte Temperaturprofile der Prägewalze bei 5 mm Abstand
Simulated temperature profiles at a coil distance of 5 mm

Die Simulation wurde ohne Berücksichtigung der Folie bei einem Abstand von 5 mm zur Oberseite der Prägewalze durchgeführt. Die schraffierten Bereiche zeigen jeweils den vom Induktor abgedeckten Bereich sowie den Bereich der Prägung.

Die Kurvenform der axialen Temperaturhomogenität zeigt zwei Maxima an den Rändern der Prägewalze sowie einen Temperaturabfall zur Mitte der Prägewalze hin. Dabei liegt das Randmaximum am hinteren Teil der Walze höher als das Randmaximum zum Anfang der Walze. Der qualitative Temperaturverlauf auf der Oberfläche der Prägewalze spiegelt die zuvor simulierte Leistungsverteilung des Induktionsheizers wider. Die unterschiedliche Höhe der Randmaxima ist hierbei dadurch zu erklären, dass die

Windungen des Induktors am Anfang der Spule durch die zu- und abführenden Induktorrohre unterbrochen sind und somit weniger einkoppelnde Leiterlänge zur Verfügung steht als im hinteren Bereich (vgl. Bild 5.2, Bild 5.4).

Nach Bild 5.9 und Bild 5.10 zeigt das allgemeine Verhalten der azimutalen Temperatur das erwartete Verhalten einer induktiv beheizten Walze. Das entstehende Temperaturprofil kann in vier Bereiche unterteilt werden.

- Im ersten Bereich wird die Walze durch den Induktionsheizer aufgeheizt. Dies geschieht unmittelbar, bevor der entsprechende Walzenbereich in den Bereich des Induktors eintritt, da die Randfelder die Prägewalze beeinflussen und bereits im Bereich des Induktors liegende Oberflächenelemente Wärme an ihre Nachbarn abgeben. Unter dem Induktionsheizer zeigt sich ein starker, asymptotisch verlaufender Temperaturanstieg bis zu einer kurz vor dem Ende des Induktors liegenden Maximaltemperatur.

- Im zweiten Bereich verlässt die Prägewalze den Induktor und beginnt durch Wärmeleitung und Konvektionsverluste stark abzukühlen.

- Im dritten Bereich beginnt mit der Prägung der Kunststofffolie die eigentliche Nutzung der eingebrachten Wärme. Da in der gezeigten Simulation der Einfluss der Folie vernachlässigt wurde, setzt sich der im zweiten Bereich begonnene exponentielle Abkühlvorgang fort.

- Im vierten Bereich verlässt die Walzenoberfläche den Bereich der Prägung und dreht sich weiter, bis sie erneut in den ersten Bereich eintritt. In diesem Abschnitt finden nur geringe Temperaturveränderungen statt, da sich die Walze im dritten Bereich bereits abgekühlt hat.

Insbesondere die Temperaturdifferenz zwischen Beginn und Ende des dritten Abschnitts ist von wesentlicher Bedeutung für den Abformungsprozess, da diese die Umform- bzw. Entformungstemperatur des Folienmaterials bestimmt. In der Simulation zeigt sich, dass eine niedrigere Geschwindigkeit der Prägetemperatur zuträglich ist und diese gegenüber der höheren Geschwindigkeit bei gleicher Leistung erhöht. Die Prägetemperatur wird dabei stärker von der im zweiten Bereich stattfindenden Abkühlung als von der erreichten Maximaltemperatur beeinflusst. Wesentlicher Faktor hierfür ist die geschwindigkeitsabhängige Abkühlzeit. Trotz einer Maximaltemperatur von ca. 240 °C beträgt die Prägetemperatur bei niedriger Geschwindigkeit und geringem Induktorabstand nur ca. 155 °C (Bild 5.9 a, b). Bei der höheren Geschwindigkeit von 1,5 m/min beträgt die Prägetemperatur ca. 140 °C trotz einer niedrigeren Maximaltemperatur von ca. 175 °C (Bild 5.9, c, d). Bei einer Verdreifachung der Geschwindigkeit beträgt die Prägetemperatur damit noch 80% der Höchsttemperatur, während im Falle einer niedrigen Rotationsgeschwindigkeit lediglich 65% der Höchsttemperatur als Prägetemperatur genutzt werden können.

Auch die Temperaturdifferenz im dritten Bereich profitiert von der geringeren Geschwindigkeit und fällt im Vergleich zur höheren Geschwindigkeit um etwa 20 °C höher aus. Aufgrund der hohen Abkühlgeschwindigkeit im zweiten Bereich ist hier jedoch ein abnehmender Grenznutzen zu erwarten und die größere Temperaturdifferenz hauptsächlich auf die höhere Prägetemperatur zurückzuführen.

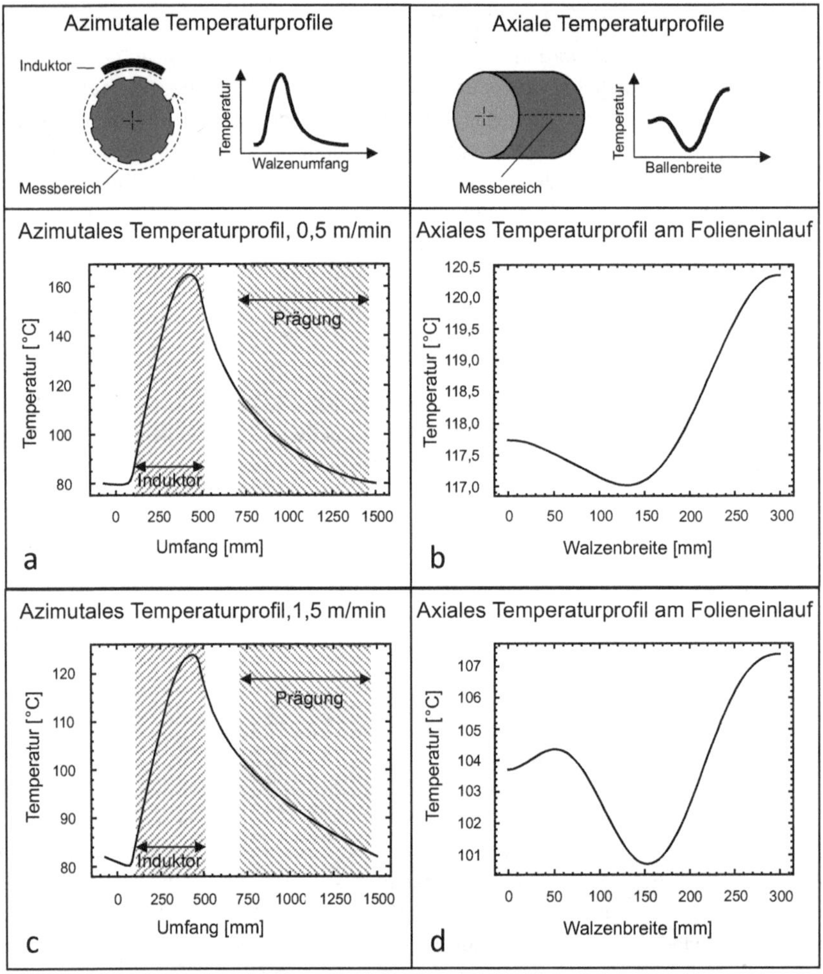

Bild 5.10: Simulierte Temperaturprofile der Prägewalze bei 21 mm Abstand
Simulated temperature profiles at a coil distance of 21 mm

Wie die Ergebnisse aus Abschnitt 5.1 bereits erwarten lassen, hängen die Temperaturprofile der Prägewalze stark vom Abstand des Induktionsheizers zur Prägewalze ab. Während mit einem geringen Abstand von 5 mm etwa 240 °C als Maximaltemperatur unter dem Induktor erreicht werden (vgl. Bild 5.9), sinkt diese Temperatur mit zunehmendem Abstand bei 21 mm bereits auf ca. 165 °C ab (vgl. Bild 5.10). Auch die Prägetemperatur und die Höhe des bereits zuvor beobachteten Temperaurgradienten sinken. Qualitativ zeigen die Temperaturkurven weiterhin den beschriebenen Verlauf, wobei der exponentielle Abfall nach Durchlaufen des Induktionsheizers aufgrund der geringeren Differenz zur Umgebungstemperatur langsamer ausfällt.

Der axiale Temperaturverlauf zeigt bei beiden simulierten Abständen ein qualitativ ähnliches Verhalten, was dem simulierten Leistungsprofil des Induktionsheizers aus Bild 5.4 entspricht. Die qualitative Ähnlichkeit des Kurvenverlaufs mit einem Maximum an beiden Rändern und einem Temperaturabfall zur Mitte der Prägewalze ist bei der höheren Geschwindigkeit von 1,5 m/min aufgrund der geringeren Zeit zur thermischen Homogenisierung deutlich ausgeprägter als bei niedriger Geschwindigkeit. Aufgrund des durch die Induktorgeometrie bestimmten inhomogenen initialen Temperaturfeldes wirkt sich die niedrigere Zeit bis zum Erreichen eines thermischen Gleichgewichtes bei höherer Geschwindigkeit negativ auf die Spannweite der Temperatur aus. In den Kurven mit höherer Rotationsgeschwindigkeit liegt diese um etwa einen Faktor 2 höher als in den Vergleichswerten mit niedriger Geschwindigkeit. Hierbei scheint insbesondere der Induktorabstand eine Rolle zu spielen, da die Spannweiten der Temperaturprofile bei geringem Induktorabstand noch einmal etwa die dreifachen Werte der langsameren Auswertungen zeigen.

Insgesamt zeigt die Simulation, dass das in Kapitel 4 beschriebene Anlagenkonzept mit dem gewählten Aufbau umgesetzt werden kann und kontinuierliche Temperaturgradienten über den Umfang des Prägewerkzeugs realisiert werden können. Die axiale Homogenität zeigt bisher sowohl im Leistungsbild (Bild 5.4) als auch im simulierten Temperaturfeld (Bild 5.9, Bild 5.10) zu große Schwankungen für das Erreichen guter Polymer-Umformungen in Bezug zur Zielgröße von ±1,5°C (vgl. 5.1.2). Im nächsten Unterabschnitt werden daher Möglichkeiten untersucht, geringere Temperaturspannweiten zu erreichen.

5.3.2 Pulsweitenmodulation

Pulse width modulation

Die Pulsweitenmodulation (PWM) beschreibt ein Verfahren, in dem die Höhe eines Signals durch hochfrequentes An- und Ausschalten moduliert wird. Sie kommt in vielfältigen Anwendungen zum Einsatz und wird beispielsweise in der Beleuchtungstechnik genutzt, um die Helligkeit von LED-Lampen zu justieren. Bild 5.11 zeigt den schematischen Verlauf eines PWM-Signals.

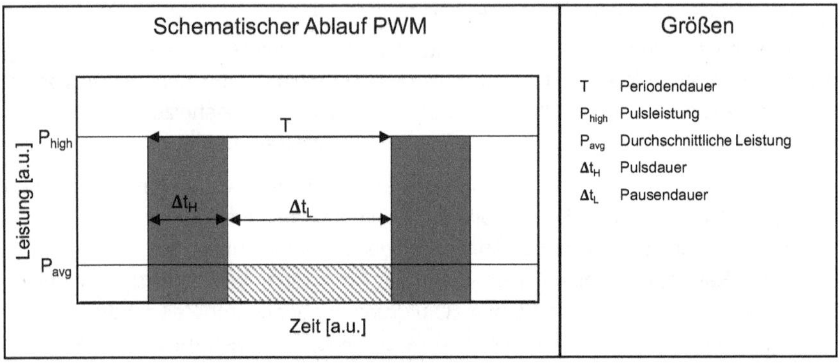

Bild 5.11: Beispielhaftes Pulsweitenmodulationssignal
Exemplary signal of a pulse-width modulation

Im Zusammenhang mit Induktionsheizern wird die PWM in der Erwärmungstechnik genutzt, um das gleichmäßige Aufheizen eines Werkstücks zu ermöglichen. Durch den in Abschnitt 4.3.1 beschriebenen Skin-Effekt heizen sich induktiv erwärmte Werkstücke insbesondere nahe der Werkstückoberfläche auf. Um dieses Verhalten zu vermeiden, werden Erwärmungsanlagen mit PWM betrieben. Dabei kann sich die eingebrachte Wärme während der Pausenzeit im Werkstück ausbreiten und so für eine homogenere Temperaturverteilung sorgen und das Überhitzen einzelner Regionen vermieden werden. Die verwendeten Pulsdauern für das Härten von Werkstücken liegen dabei typischerweise zwischen 0,5 s und 8 s. [RUDN17]

Unabhängig von der absoluten Dauer der Signalpulse spielt das Verhältnis aus t_H und t_L eine entscheidende Rolle für den Erwärmungsvorgang, da es die Effektivleistung des Induktionsheizers bestimmt. Im Rahmen dieser Arbeit wurden Simulationen mit den gleichen Parametern wie im kontinuierlichen Betrieb durchgeführt, nun jedoch mit Pulsverhältnissen von 2 und 0,5, was 2/3 bzw. 1/3 der im kontinuierlichen Betrieb eingebrachten Leistung entspricht. Die absolute Periodendauer wurde hier auf 1,5 s festgelegt. Bild 5.12 zeigt eine Gegenüberstellung der axialen Temperaturprofile bei den unterschiedlichen Pulsverhältnissen bei einer Bahngeschwindigkeit von 1,5 m/min, einem Induktorabstand von 21 mm und einer Periodendauer des Signals von 1500 ms.

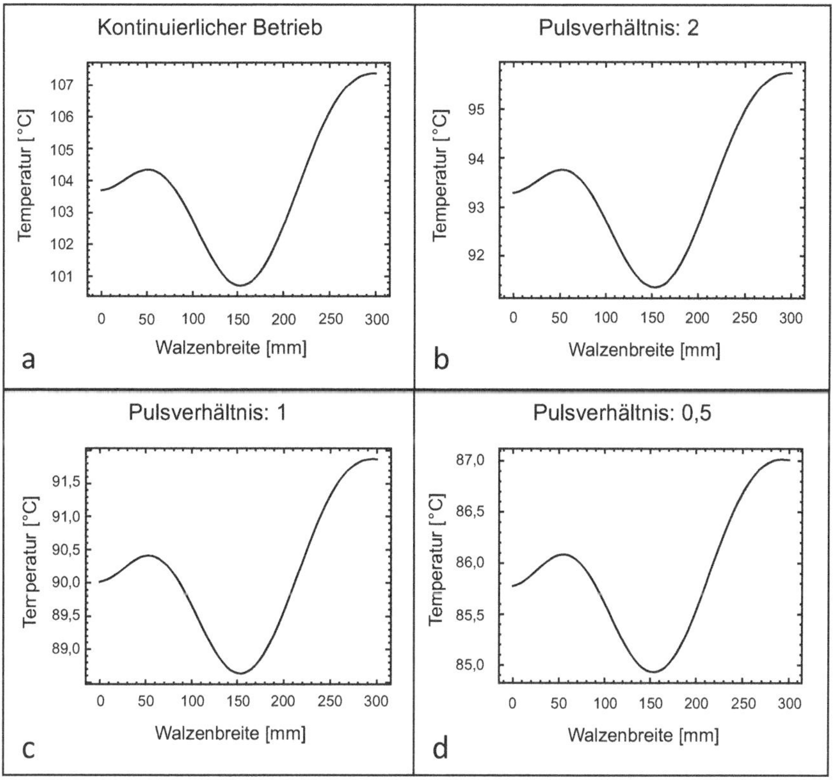

Bild 5.12: Axiale Temperaturverläufe bei unterschiedlichen Pulsverhältnissen
Axial temperature distribution for various pulse-ratios

Die Ergebnisse der Simulation zeigen, dass der qualitative Temperaturverlauf durch die Verwendung einer PWM nicht beeinflusst wird. Weiterhin liegt der Wertebereich der Temperaturkurven der eingebrachten Effektivleistung entsprechend niedriger als in der Vergleichskurve zum kontinuierlichen Betrieb.

Neben der sinkenden absoluten Temperatur sinkt mit dem Verhältnis von Spannweite zu Maximaltemperatur aber auch die relative Inhomogenität. Während diese im kontinuierlichen Betrieb noch 6,2 % der Maximaltemperatur beträgt, sinkt sie bis zu einem Pulsverhältnis von 0,5 mit jeder Halbierung des Pulsverhältnisses bis auf 2,3 % ab. Die simulierten Ergebnisse unter Verwendung einer PWM entsprechen also den Erwartungen und tragen zur absoluten und relativen Verbesserung der axialen Temperaturhomogenität bei.

5.4 Zwischenfazit

Interim Conclusion

Die Simulationsergebnisse aus Kapitel 5 lassen den Schluss zu, dass das kontinuierliche variotherme System der Heißprägeeinheit in der Lage ist, kontinuierliche Temperaturgradienten zu erzeugen. Hierbei sagt die Simulation für die simulierten Abstände einen kontinuierlichen Temperaturgradienten von etwa 38°C bzw. 70°C im Falle einer Bandgeschwindigkeit von 0,5 m/min und einen Temperaturgradienten von etwa 22°C bzw. 40°C im Falle von einer Bandgeschwindigkeit von 1,5 m/min voraus (vgl. Bild 5.9, Bild 5.10). Ein wesentliches Ergebnis der Simulation ist, dass der Wärmeverlust auf der Walze von der Aufheizung durch den Induktionsheizer bis zum Folienkontakt weniger schwer ins Gewicht fällt als die durch die niedrigere Rotationsgeschwindigkeit verlängerte Aufheizzeit. Niedrigere Prozessgeschwindigkeiten tragen also losgelöst von für die Umformung relevanten Parametern wie der Prägezeit durch höhere mögliche Temperaturgradienten zur Verbesserung des Prozessablaufs bei.

Bezüglich der axialen Homogenität der Erwärmung kann der Abstand des Induktionsheizers von der Prägewalze als maßgeblicher Prozessparameter identifiziert werden. Während sich die Geometrie der induzierenden Spule bei geringen Abständen sehr deutlich im Temperaturprofil der Walze abbildet, so überlagern sich die Temperaturfelder einzelner Windungen mit größerem Abstand zunehmend stärker und erzeugen ein homogeneres Temperaturfeld.

Mit zunehmendem Abstand sinkt der Anteil der in Wärmeleistung umgesetzten Energie des Induktionsheizers jedoch stark ab und der Wirkungsgrad sinkt. Hier muss im realen System also ein Kompromiss aus benötigter Homogenität und Wirkungsgrad erzielt werden.

Hinsichtlich der Beantwortung der erarbeiteten Forschungsfragen leisten die Ergebnisse aus Kapitel 5 insbesondere einen Beitrag zur Beantwortung der zweiten Forschungsfrage nach der Anwendbarkeit eines außenliegenden Induktionsheizers hinsichtlich der aus der Literatur bekannten Anforderungen der T-NIL an die absolute Temperatur bzw. die axiale Temperaturhomogenität. Die Ergebnisse lassen hierbei auf eine positive Evaluation der Nutzbarkeit des erarbeiteten Systems für die T-NIL schließen. Die simulierten Temperaturen liegen in ihren Absolutwerten über den Glasübergangstemperaturen der meisten technisch relevanten Thermoplasten und können daher als ausreichend betrachtet werden.

In Bezug auf die axiale Temperaturhomogenität zeichnen die Simulationsergebnisse ein deutlich kritischeres Bild. So ist die Anforderung einer Temperaturspannweite von ±1,5°C im kontinuierlichen Betrieb des Induktionsheizers nur bei langsamen Rotationsgeschwindigkeiten und damit einhergehenden langen Abkühlzeiten oder großen Induktorabständen zur Prägewalze realisierbar. Eine weitere Möglichkeit zur Erhöhung der axialen Homogenität bietet hier die Nutzung der Pulsweitenmodulation. Die Simulationsergebnisse zeigen, dass sich hierdurch in Abhängigkeit vom Pulsverhältnis deutlich homogenere Temperaturfelder auf dem Prägewerkzeug erzeugen lassen.

Im weiteren Verlauf der Arbeit müssen die theoretisch erarbeiteten Abhängigkeiten in praktischen Prüfstandsversuchen untersucht und mit Messergebnissen verglichen werden, um belastbare Aussagen zur Nutzbarkeit des konzeptionierten Systems für die T-NIL treffen zu können und eine umfassende Beantwortung der zweiten Forschungsfrage zu ermöglichen.

6 Experimentelle Validierung der thermischen Prozesseinflüsse

Experimental Validation of thermal process influences

Um die in Kapitel 5 simulativ erarbeiteten Ergebnisse des thermischen Verhaltens einer induktiv geheizten Prägewalze zu validieren und die theoretischen Einflüsse in praktische Ergebnisse zu überführen, wurde ein Erwärmungsprüfstand aufgebaut und verschiedene Prozessparameter untersucht. Hierbei fokussieren sich die Untersuchungen, losgelöst vom komplexeren Gesamtsystem, auf die Wechselwirkung zwischen Prägewerkzeug und Induktionsheizer. Das folgende Kapitel beschreibt den Versuchsaufbau sowie die Durchführung der Versuche und deren Ergebnisse. Im abschließenden Zwischenfazit wird ein Ausblick zu den Potentialen der erarbeiteten Parameter in einem vollständigen Prägesystem gegeben.

6.1 Versuchsaufbau

Experimental Setup

Zur Untersuchung des induktiven Erwärmungsprozesses im kontinuierlichen Heißprägen wurde ein Prüfstandsversuch, welcher die wesentlich am Heizprozess beteiligten Baugruppen der Anlage enthält, von der Gesamtanlage entkoppelt aufgebaut. Ziel des Prüfstandes ist es, die in Kapitel 5 auf theoretischer Basis erarbeiteten Konzepte mit der zur Verfügung stehenden Hardware zu validieren.

Der in Bild 6.1 dargestellte Versuchsaufbau wurde auf Basis von Aluminiumprofilen aufgebaut und enthält eine unstrukturierte Prägewalze, den Induktionsheizer sowie einen berührenden Temperatursensor (Typ-K) zur Erfassung der Oberflächentemperatur. Das Temperaturelement ist dabei in einen Führungswagen mit PTFE-Rollen eingebettet, sodass ein ständiger Kontakt zur drehenden Walze gewährleistet werden kann. Der Sensor wird auf einer Linearachse axial über die Walzenoberfläche bewegt, um das Temperaturprofil entlang der Ballenbreite räumlich auflösen zu können. Die berührende Temperaturmessung wurde gewählt, um ein genaues Ergebnis zu erhalten, da optische Messmethoden aufgrund der hohen Oberflächengüte der Prägewalze stark beeinträchtigt werden. Um eine mögliche Störung der Messung durch eingebrachte Oberflächenstrukturen zu verhindern, wurde die Oberfläche der Walze im Ultrapräzisionsdrehprozess auf eine Oberflächenrauheit von ca. 50 nm Ra vorbearbeitet.

Die Steuerung des Prüfstandes findet über die Anlagensteuerung der Gesamtanlage statt. Hierbei handelt es sich um eine Steuerung der Firma Bosch Rexroth. Über diese wird die Drehgeschwindigkeit der Prägewalze geregelt, die Leistung des Induktionsheizers gesteuert und das Temperatursignal erfasst. Die Messachse wird über eine separate Mikrokontroller-Steuerung angesteuert, welche den Sensor in definierten Zeitabstände um 2 mm bewegt und mit dem Steuerungs-PC verbunden ist. Dabei wird die Messfahrt des Sensors gleichzeitig mit dem Messschrieb der SPS gestartet, sodass unter der Berücksichtigung der typischen Messdauern von einigen Sekunden eine hinreichende Zeitsynchronisation trotz unabhängig voneinander laufender Software vorhanden ist. Die Position zur Datenerfassung wird über die Position des Schrittmotors (Teilung 180/U) sowie die Teilung des verwendeten Zahnrades (20 mm/U) ermittelt. Es ergibt sich eine lineare Positionsauflösung von etwa 0,1 mm, sodass Positionen im Millimeterbereich mit hinreichender Genauigkeit angefahren werden können.

Der Gesamtaufbau des Prüfstandes ist in Bild 6.1 zu sehen. Die linke Seite zeigt den Gesamtaufbau mit Antrieb, Prägewalze, Wasserzuführungen, Messachse mit Temperatursensor, Induktionsspule und Schwingkreis. Die rechte Seite zeigt eine Seitenansicht des Messaufbaus mit Temperatursensor und Linearachse. Das untere Bild zeigt eine Nahaufnahme des Messaufbaus. Der berührende Sensor mit PTFE-Rollen wird durch das Federsystem kontinuierlich an die Walze gedrückt. Durch die Ausführung der Halterung als Sechskantaufnahme ist der Sensor während der Versuche gegen Verdrehung gesichert.

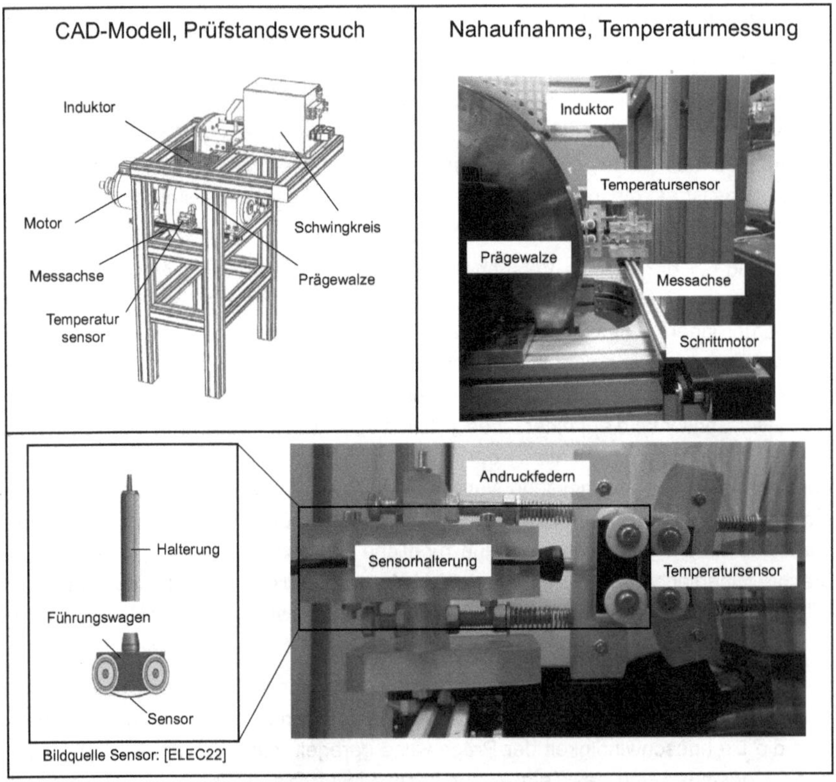

Bild 6.1: Versuchsaufbau zur induktiven Erwärmung der Prägewalze
Testbench to investigate the thermal behaviour of the embossing drum

6.2 Methodik

Methodology

Die statistische Versuchsplanung (Design of Experiments, kurz: DOE) bietet ein vielfach genutztes Rahmenwerk zur statistischen Evaluation von Experimenten. Kern der Methodik ist die Quantifizierung von Einflüssen auf das Ergebnis eines Experiments anhand der Effektgröße einzelner Einflussparameter, sogenannter Haupteffekte, sowie der Einfluss des Zusammenwirkens unterschiedlicher Faktoren.

Die Einflussfaktoren eines nach der DOE-Methodik untersuchten Zusammenhangs werden in Faktorstufen variiert, welche die unterschiedlichen Einstellungsmöglichkeiten der Parameter bezeichnen. Typischerweise kommen hierfür 2 bis 3 Einstellungsmöglichkeiten in Betracht, um die Anzahl der durchzuführenden Experimente in zielführenden Grenzen zu halten und eine möglichst große Variabilität sicherzustellen. Dabei gilt es im Allgemeinen, den Abstand der „niedrigen“ und „hohen“ Einstellung möglichst groß zu wählen, damit der Betrachtungsbereich des Parameterraumes maximiert wird.

Aus einer Anzahl von n Einflussfaktoren und x Faktorstufen, auf denen die Einflussfaktoren variiert werden, ergibt sich in einem „vollfaktoriellen“ Versuchsplan eine Anzahl an benötigten Experimenten von x^n. Die Anzahl an durchzuführenden Versuchen steigt daher über die Potenz mit der Anzahl an Einflussfaktoren, was eine Reduktion von komplexen Systemen auf wenige Einflussfaktoren notwendig macht.

Eine weitere Möglichkeit zur Senkung des Versuchsaufwands ist die Anwendung teilfaktorieller Versuchspläne. Hierbei werden die Einflüsse höherer Ordnungen zugunsten einer geringeren Versuchsanzahl untereinander vermengt und können nicht mehr getrennt voneinander ausgewertet werden. Bild 6.2 zeigt die Reduktion eines Versuchsplans mit 3 Einflussfaktoren.

Vollfaktorieller 2^3 Versuch

Experiment	A	B	C
1	+	+	+
2	+	+	-
3	+	-	+
4	-	+	+
5	+	-	-
6	-	+	-
7	-	-	+
8	-	-	-

Teilfaktorieller 2^3 Versuch

Experiment	A	B	C=AB
1	+	+	+
2	+	-	-
3	-	+	-
4	-	-	+

Bild 6.2: Erstellung eines teilfaktoriellen Versuchsdesigns
Definition of a fractional-factorial experimental design

Im gezeigten Versuchsdesign wird die Anzahl der durchzuführenden Experimente auf die Hälfte reduziert. Dabei ergibt sich die Einstellung des dritten Faktors als Kombination der ersten beiden Faktoren. Hierdurch entsteht eine Vermischung der Einflüsse, wodurch in den Einflüssen höherer Ordnung des gezeigten Beispiels nicht mehr unterschieden werden kann, ob eine Änderung der Antwortvariablen auf einen Zusammenhang zwischen A und C oder B und C zurückzuführen ist. Die Haupteffekte, also die direkten Einflüsse der Faktoren A, B und C, sind jedoch weiterhin voneinander trennbar.

Die vorgestellte DOE-Methodik stellt eine wissenschaftliche Methode zur Erforschung statistischer Zusammenhänge dar und wird daher im weiteren Verlauf der Arbeit für alle durchgeführten experimentellen Arbeiten verwendet. Dabei kommen sowohl vollfaktorielle als im weiteren Verlauf auch teilfaktorielle Versuchspläne zum Einsatz.

6.3 Zielsetzung und Versuchsablauf

Objectives and experimental procedure

Das wesentliche Ziel der durchgeführten Versuche ist es, die in Kapitel 5 erarbeiteten Ergebnisse zu validieren und Minimierungsstrategien für die axiale Temperaturinhomogenität experimentell zu überprüfen. Um die Einflussgrößen auf die Homogenität möglichst quantifizierbar zu untersuchen, werden die Experimente nach der beschriebenen DOE-Methodik durchgeführt. Als wesentliche Zielgröße aller Experimente wird die axiale Temperaturhomogenität gewählt. Der Versuchsablauf im beschriebenen Prüfstandsversuch ist in Bild 6.3 schematisch dargestellt.

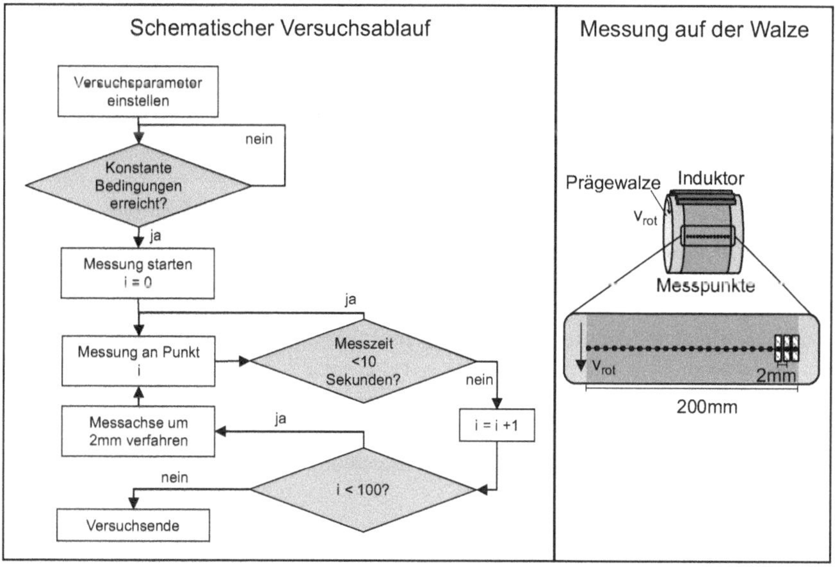

Bild 6.3: Schematischer Prozessablauf des Prüfstandsversuchs und Anordnung der Messpunkte auf der Prägewalze
Schematic steps of a testbench experiment and measurement positions on the embossing drum

Als Grundlage für die Versuchsparameter werden die theoretisch erarbeiteten Ergebnisse aus Kapitel 5 gewählt. Die zu erwartenden relevanten Prozessgrößen können wie folgt definiert werden:

P_{Ind} – Die Leistung des Induktionsheizers ist maßgeblich für die Aufheizrate und die absolute Temperatur der Walzenoberfläche. Die bisherigen Ergebnisse aus Kapitel 5 lassen auf einen antiproportionalen Zusammenhang zwischen Induktorleistung und axialer Homogenität schließen (vgl. Bild 5.4).

Q_P – Das Pulsverhältnis Q_P bestimmt das Verhältnis der Dauer des hohen Signalpegels (High-Pegel) zur Dauer des niedrigen Signalpegels (Low-Pegel). Es ist zu erwarten, dass sich geringere Pulsverhältnisse positiv auf die axiale Homogenität auswirken.

t_H – Die Pulsdauer der PWM bestimmt, für welche Zeit der Induktor seine Leistung in die Prägewalze einbringt. Dieser Parameter ist zusammen mit der Induktorleistung ausschlaggebend für die effektiv eingebrachte Heizleistung des Systems.

v – Die Rotationsgeschwindigkeit der Prägewalze ist ein wichtiger Parameter im Hinblick auf den Prozess in einer Produktionsanlage. Nach den Ergebnissen aus Kapitel 5 wirkt sich eine langsamere Rotationsgeschwindigkeit aufgrund der höheren Relaxationszeit zwischen Induktor und Prägestelle positiv auf die axiale Homogenität aus.

f – Die Induktionsfrequenz steht in direktem Zusammenhang mit der Eindringtiefe der Wärmeleistung in das Material der Prägewalze. Es ist zu erwarten, dass geringere Frequenzen sich homogenisierend auf die Oberflächentemperatur und damit positiv auf die axiale Homogenität auswirken.

Basierend auf den erarbeiteten Faktoren und den durch die zur Verfügung stehende Ausstattung vorgegebenen Randbedingungen wird ein vollfaktorieller Versuch mit 5 Parametern auf jeweils 2 Stufen durchgeführt. Zur Überprüfung der Linearitätshypothese wird zusätzlich ein Zentralpunktsversuch mit einer mittleren Einstellung für jeden Parameter durchgeführt. Aufgrund der elektrischen Auslegung des Schwingkreises für den Induktionsheizer und der Verfügbarkeit der entsprechenden Leistungselektronik können nur 3 unterschiedliche Resonanzfrequenzen (34 kHz, 50 kHz, 75 kHz) realisiert werden. Der Zentralpunkt der Versuchsplanung wird in den anderen Dimensionen entsprechend angepasst. Die genutzten Parameter sind in Tabelle 6.1 in absoluten Zahlen dargestellt.

Tabelle 6.1:Gewählte Versuchsparameter für den vollfaktoriellen Versuch
Selected Parameters for the full-factorial DOE

Faktor		Level -1	Level 0	Level +1
P_{Ind}	[kW]	10	13,9	20
Q_P	[a.u.]	0,5	1,28	2
t_H	[ms]	250	640	1250
v	[m/min]	0,5	0,9	1,5
f	[kHz]	34	50	75

Um abweichend von den Ergebnissen des beschriebenen Versuchs den Unterschied zum kontinuierlichen Heizen erkennen zu können, wird ein weiterer vollfaktorieller Versuch unter Ausschluss der Pulsparameter mit kontinuierlichem Betrieb des

Induktionsheizers durchgeführt. Dieses Design enthält ansonsten gleiche Faktorstufen und bildet dementsprechend einen 3-dimensionalen Versuchsraum.

6.4 Ergebnisse

Results

Im folgenden Unterkapitel sind die zentralen Ergebnisse des beschriebenen Prüfstandes dargestellt. Zunächst werden die Ergebnisse des DOE mit kontinuierlichem Betrieb des Induktionsheizers dargestellt (Unterkapitel 6.4.1) und im Anschluss die Ergebnisse des DOE mit Pulsweitenmodulation der Heizleistung (Unterkapitel 6.4.2). Für die Bewertung der Ergebnisse werden jeweils die Haupteffekt- und Paretodiagramme herangezogen.

Für den finalen Replikationsprozess ist für eine homogene Temperaturverteilung insbesondere der maximale Temperaturunterschied auf der Prägewalze ausschlaggebend, da dieser die lokalen Fließeigenschaften des Polymers und damit die Replikationsqualität stark beeinflusst. Aus diesem Grund wird die Spannweite der Temperatur als Antwortvariable für die Versuche herangezogen. Die Gleichung (6.1) zeigt die verwendete Definition der Spannweite der Temperatur.

$$Spannweite(T) = \max(T) - \min(T) \tag{6.1}$$

Die aufgenommenen Temperaturkurven bestehen aus 100 jeweils 2 mm auseinanderliegenden Punkten auf den mittleren 200 mm der insgesamt 300 mm breiten Prägewalze. An jedem Messpunkt werden innerhalb einer Messdauer von 10 Sekunden 100 Messungen aufgenommen. Für die Bestimmung der Temperatur an jedem Punkt, wird der Mittelwert über die Messdauer verwendet. Die Standardabweichung innerhalb eines Messpunktes beträgt in allen Versuchen durchschnittlich 0,19°C, sodass kleinere Abweichungen als Rauschen betrachtet werden können.

6.4.1 Kontinuierlicher Betrieb des Induktionsheizers

Continuous operation of the induction heating system

Bild 6.4 zeigt die aufgenommenen Versuchsdaten aller Versuche mit kontinuierlichem Betrieb des Induktionsheizers.

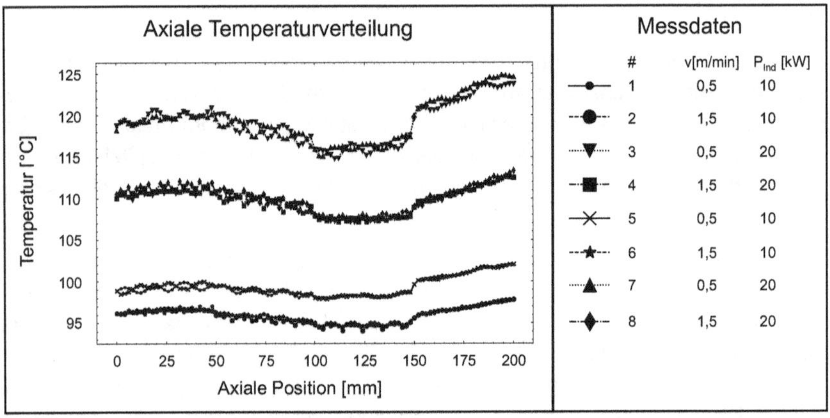

Bild 6.4: Plot der aufgenommenen Daten des DOE mit wesentlichen Parametern
Chart of the DOE-trials

Qualitativ zeigen alle Kurven einen ähnlichen Verlauf, der einen Temperaturabfall zur Walzenmitte, gefolgt von einem Anstieg zum Rand der Prägewalze, zeigt. Auf der linken Seite der Prägewalze (0 mm – 100 mm) lässt sich insbesondere in den Versuchen mit höherer Temperatur ein oszillierendes Verhalten erkennen, welches die in Unterabschnitt 5.1.2 simulierten Leistungsverläufe auf der Walzenoberfläche widerspiegelt. Die Phasenverschiebung zwischen den einzelnen Messungen lässt sich hierbei dadurch erklären, dass es sich bei der Messachse um ein relatives System handelt, welches keinen absoluten Maßstab besitzt. Daher besteht die Möglichkeit einer leichten Verschiebung des Startpunktes über mehrere Messungen hinweg, wie es in den Kurven der Versuche 1 und 5 zu sehen ist.

Aus Bild 6.4 ist zudem ersichtlich, dass sich für jeweils 2 Versuche kaum voneinander abweichende Temperaturverläufe zeigen. Unter Hinzunahme der angewendeten Parameter zeigt sich dabei, dass es sich um die Versuche mit jeweils gleicher Induktorleistung (P_{Ind}) und gleicher Rotationsgeschwindigkeit (v) handelt. Hierbei bilden die Temperaturkurven die in Tabelle 6.2 dargestellten Paare.

Tabelle 6.2: Auflistung der Durchschnittstemperatur ($\bar{T}$) sowie der übereinstimmenden Versuchsparameter (v, P_{Ind}) für die Kurvenpaare aus Bild 6.4
Listing of the mean temperature and the common process parameters for the curve-pairs

$\bar{T}$ [°C]	Versuchspaar	v [m/min]	P_{Ind} [kW]
95,9 | 96,0	V2, V6	1,5 m/min	10 kW
99,4 | 99,4	V1, V5	0,5 m/min	10 kW
109,8 | 110,0	V4, V8	1,5 m/min	20 kW
119,2 | 119,2	V3, V7	0,5 m/min	20 kW

Aus Tabelle 6.2 lässt sich qualitativ ableiten, dass P_{Ind} den größten Einfluss auf die mittlere Temperatur hat, gefolgt von der Rotationsgeschwindigkeit. Weiterhin zeigt die Paarung der Versuche, dass die Induktionsfrequenz keine wesentliche Rolle für den Erwärmungsprozess spielen kann, da die Paarung über alle Versuche hinweg nur durch P_{Ind} und v bestimmt ist. Die vollständige Parametertabelle des DOE ist in Anhang 10.2 dargestellt.

Bild 6.5 zeigt die Haupteffektdiagramme sowie das Paretodiagramm des durchgeführten DOE in Bezug auf die Spannweite der Temperatur.

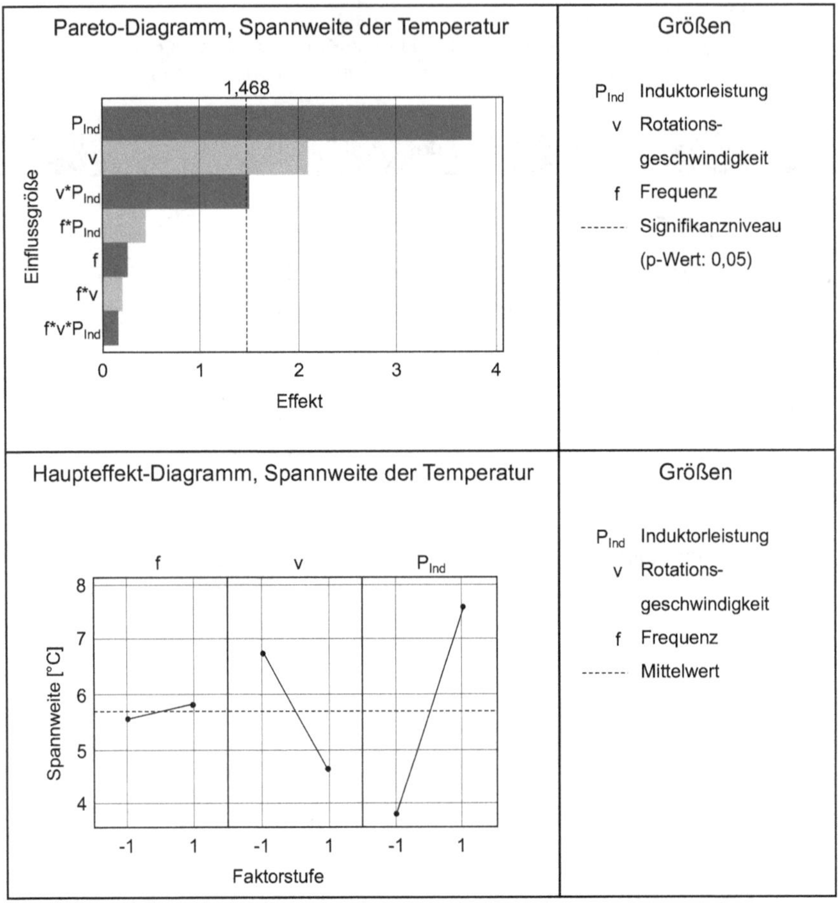

Bild 6.5: Pareto- und Haupteffektdiagramm der Spannweite der Temperatur
Pareto and main-effect diagrams of the spread of the temperature

Die durchgeführten Versuche zeigen statistisch signifikante Effekte (α_s < 0.05) der Induktorleistung und der Rotationsgeschwindigkeit auf die axiale Temperaturhomogenität, welche hier anhand der Spannweite (vgl. Gleichung (6.1)) quantifiziert wird. Die Induktorleistung sowie die Rotationsgeschwindigkeit zeigen die größten Effekte auf die axiale Temperaturhomogenität und liegen deutlich über dem statistischen Signifikanzniveau. Auch der Effekt zweiter Ordnung aus P_{Ind} und v liegt über der statistischen Signifikanz. Während eine höhere Induktorleistung eine inhomogene Temperaturverteilung begünstigt, sorgt eine höhere Rotationsgeschwindigkeit für eine sinkende Spannweite der Temperaturverteilung. Die Frequenz zeigt nur einen geringen Einfluss auf die Spannweite der Temperatur. Dieser deutet jedoch an, dass höhere Temperaturen eine inhomogenere Verteilung begünstigen, was mit der geringeren Eindringtiefe durch den Skineffekt einhergeht. Der Effekt der Frequenz liegt jedoch deutlich unterhalb des statistischen Signifikanzniveaus, weshalb diese These nicht ausreichend durch die Versuchsdaten gestützt wird. Die Ergebnisse des DOE spiegeln die beobachteten Versuchspaarungen aus Tabelle 6.2 wider, welche ebenfalls einen starken Zusammenhang zwischen Induktorleistung und Rotationsgeschwindigkeit zeigen.

Quantitativ betrachtet weisen alle durchgeführten Versuche eine Spannweite der Temperaturverteilung auf, welche die genannte Zielgröße von ±1,5°C überschreitet. Eine Darstellung der durch das DOE bestimmten Regressionsgleichung mit fester Induktorleistung (P_{Ind} = 20 kW) und Frequenz (f = 34 kHz) zeigt, dass die zu erwartende Spannweite erst ab einer Rotationsgeschwindigkeit von ca. 2,25 m/min auf die geforderte Größe von 3°C (vgl. Abschnitt 2.1.6) absinkt. Bild 6.6 zeigt die erarbeitete Regressionsgleichung bei fester Induktorleistung (P_{Ind} = 20 kW) und fester Frequenz (f = 34 kHz).

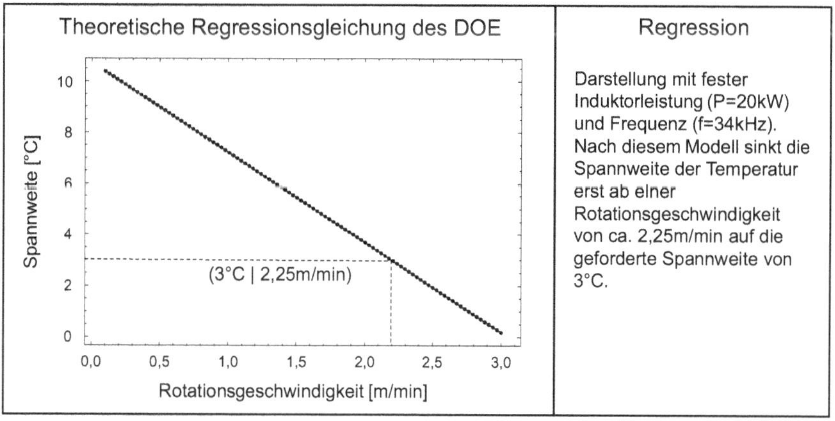

Bild 6.6: Regressionsgleichung der Versuche mit kontinuierlichem Betrieb des Induktionsheizers
Regression of the DOE with continuous operation of the induction heating system

Zusammenfassend lässt der durchgeführte Versuch erkennen, dass die Anforderungen der kontinuierlichen T-NIL nur mit geringer Induktorleistung oder hoher Rotationsgeschwindigkeit zur realisieren sind. Eine geringe Induktorleistung scheidet für einen realen Prozess aufgrund ihres direkten Zusammenhangs mit der Prozesstemperatur jedoch aus. Auch eine Untergrenze für die Rotationsgeschwindigkeit ist im vorgestellten Anlagenkonzept nicht wünschenswert, da eine hohe Rotationsgeschwindigkeit sowohl die Füllzeit der Strukturen als auch den realisierbaren Temperaturgradienten beschränkt. Aus diesem Grund wird im folgenden Unterkapitel die Pulsweitenmodulation als Möglichkeit zur weiteren Homogenisierung der axialen Temperatur im Zusammenhang mit den bereits bekannten Prozessparametern untersucht.

6.4.2 Versuche mit Pulsweitenmodulation

Experiments with pulse width modulation

Basierend auf den Versuchen mit kontinuierlichem Betrieb des Induktionsheizers wurde in einem weiteren DOE-Versuch die Möglichkeit der Nutzung einer Pulsweitenmodulation zur Erfüllung der Anforderungen der kontinuierlichen T-NIL an die axiale Temperaturhomogenität untersucht. Die hierfür verwendeten Faktoren und Faktorstufen sind in Tabelle 6.1 aufgelistet.

Die allgemeine Charakteristik der aufgenommenen Kurven zeigt qualitativ das bereits bekannte Verhalten aus dem kontinuierlichen Versuch. Bild 6.7 zeigt die Kurven vier exemplarisch ausgewählter Versuche aus dem durchgeführten DOE. Details zu den Parametern sind Anhang 10.1 zu entnehmen.

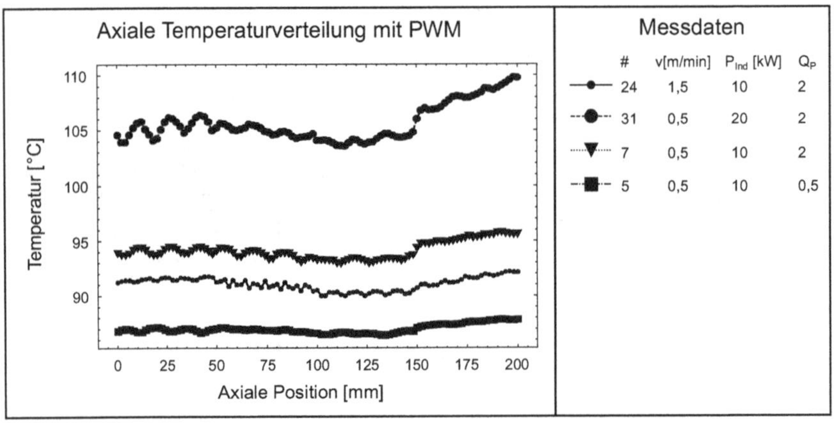

Bild 6.7: Temperaturkurven vier exemplarischer Versuche des DOE unter Verwendung von PWM
Exemplary temperature plots from the DOE with PWM

Das Paretodiagramm der Effekte zeigt sowohl in der Auswertung gegenüber der absoluten Temperatur als auch gegenüber der Spannweite der Temperatur die Einflussfaktoren Q_P, P_{Ind} und v übereinstimmend als wesentliche Einflüsse. Während in der Auswertung gegenüber der absoluten Temperatur jedoch zusätzlich noch die kombinierten Effekte aus P_{Ind}*Q_P, Q_P*v, P_{Ind}*v und f*P_{Ind} über dem statistischen Signifikanzniveau liegen, ist für die Spannweite lediglich der kombinierte Effekt aus P_{Ind}*Q_P statistisch von Bedeutung. Bild 6.8 zeigt die Paretodiagramme der Effekte in Bezug auf die absolute Temperatur und deren Spannweite.

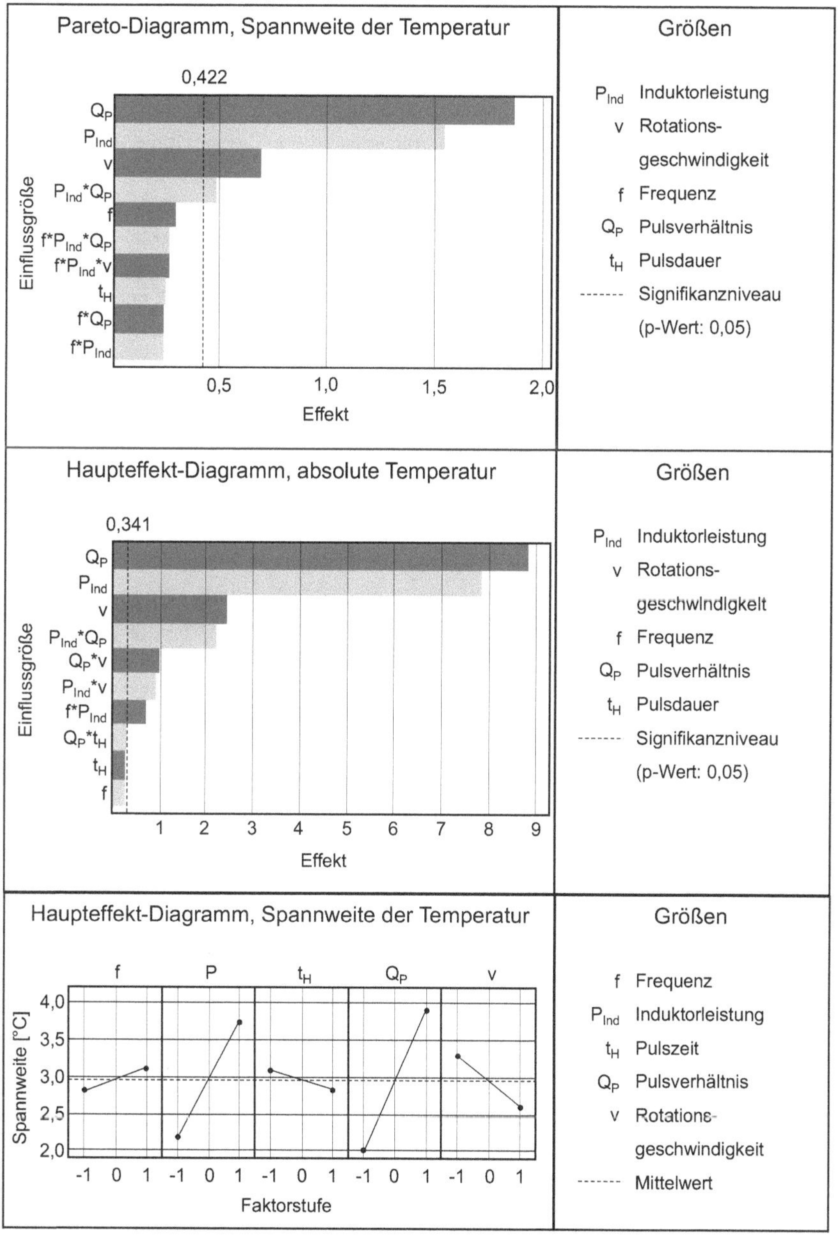

Bild 6.8: Pareto-Diagramme der Versuche mit Pulsweitenmodulation in Bezug auf die absolute Walzentemperatur sowie deren Spannweite
Pareto charts of the absolute temperature and the spread of the temperature from the experiments with PWM

In Bild 6.8 oben ist das Pareto-Diagramm der Spannweite dargestellt. Die Faktoren des Pulsverhältnisses (Q_P), der Induktorleistung (P_{Ind}), der Geschwindigkeit (v) und der kombinierte Effekt aus P_{Ind} und Q_P zeigen einen statistisch signifikanten Einfluss auf die Spannweite. Unten ist das Pareto-Diagramm der absoluten Temperatur dargestellt. Außer den relevanten Faktoren für die Spannweite zeigen hier noch die kombinierten Effekte erster Ordnung P_{Ind}*Q_P, Q_P*v, P_{Ind}*v und f*P_{Ind} einen statistisch signifikanten Einfluss. Im Haupteffektdiagramm spiegeln sich die Effektgrößen aus dem Paretodiagramm wider. Während zwischen P_{Ind}, Q_P und f einen proportionaler Zusammenhang zur Spannweite der Temperatur besteht, weisen t_H und v antiproportionale Zusammenhänge auf. Der antiproportionale Zusammenhang von t_H steht im Widerspruch zum proportionalen Einfluss des Pulsverhältnisses Q_P (t_H/t_L). Da der gemessene Effekt von t_H unterhalb des statistischen Signifikanzniveaus liegt, ist keine ausreichende Grundlage für eine Aussage über den Einfluss von t_H gegeben.

6.4.3 Einfluss der eingebrachten Wärmeenergie

Influence of the deposited heat

In den bisher dargestellten Ergebnissen zeigt sich sowohl im kontinuierlichen als auch im gepulsten Versuch, dass die Parameter v, P_{Ind} und Q_P die stärksten Einflüsse auf die Zielvariablen haben (vgl. Bild 6.5, Bild 6.8) und die gemessenen Temperaturkurven bei gleicher Einstellung qualitativ ähnliche Verläufe zeigen (vgl. Bild 6.4). Alle drei Parameter hängen direkt mit der in die Prägewalze eingebrachten Wärmeenergie zusammen. Es stellt sich daher die Frage, ob die axiale Temperaturhomogenität lediglich von der eingebrachten Energie abhängt.

Anstatt v, P_{Ind} und Q_P wie bisher als separate Einflussgrößen zu betrachten, wird eine neue abgeleitete Größe nach Gleichungen (6.2) und (6.3) definiert, welche P_{Ind}, Q_P und v beinhaltet und die Dimension [J/m] besitzt. Diese Größe wird im Folgenden als Umfangsenergie bezeichnet und mit dem Buchstaben $\tilde{E}$ abgekürzt.

$$\tilde{E}_{PWM} = \frac{P_{Eff}}{v} = \frac{P_{Ind} \cdot \frac{t_H}{t_H + t_L}}{v} = \frac{P_{Ind} \cdot \frac{Q_P}{Q_P + 1}}{v} \; [J/m] \tag{6.2}$$

$$\tilde{E}_{kont} = \frac{P_{Ind}}{v} \; [J/m] \tag{6.3}$$

Bei der Berechnung wird die Effektivleistung zur Rotationsgeschwindigkeit ins Verhältnis gesetzt, sodass lediglich die eingebrachte Energie betrachtet wird. Die zusätzlichen Terme in Gleichung (6.2) resultieren aus der Umrechnung der Induktorleistung in die Effektivleistung mit Hilfe der Definition des Pulsverhältnisses. $\tilde{E}$ ist damit unabhängig von der Verwendung einer PWM und kann als direkte Vergleichsgröße aller durchgeführten Versuche dienen. Die Streuung von $\tilde{E}$ gibt somit Aufschluss über die Einflussgröße der PWM.

Trägt man die Ergebnisse der Versuche gegenüber den sich ergebenden Werten für $\tilde{E}$ auf, ergeben sich die in Bild 6.9 dargestellten Kurven. Die Auswertung zeigt die axiale Temperaturspannweite für alle durchgeführten Versuche mit den entsprechenden Umfangsenergien (berechnet nach Gleichungen (6.2) und (6.3)). Die Streuung gleicher Symbole bei identischer Umfangsenergie lässt auf einen Einfluss der innerhalb der Umfangsenergie verrechneten Parameter (P_{Ind}, Q_P, v) schließen.

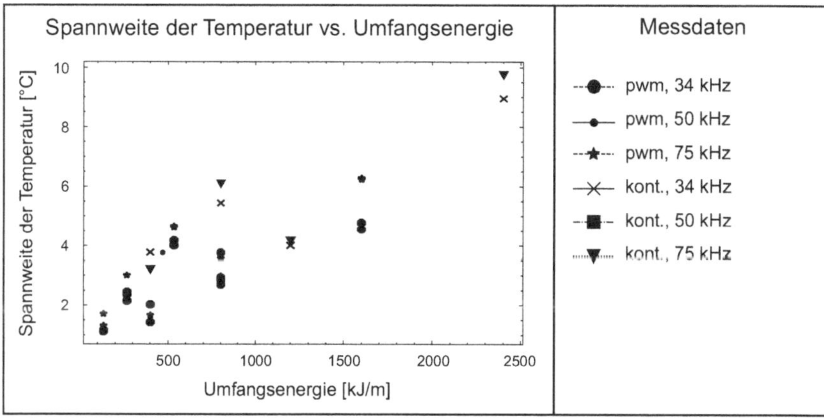

Bild 6.9: Spannweite der Temperatur vs. Umfangsenergie
Spread of the temperature vs. circumverentionall energy

Anhand von Bild 6.9 lassen sich einige Zusammenhänge der Prozessparameter zur Spannweite der Temperatur erkennen. Wie die Paretodiagramme aus Bild 6.8 bereits vermuten lassen, steigt die Spannweite der axialen Temperatur mit steigender Umfangsenergie ebenfalls an. Innerhalb einer Umfangsenergie werden jedoch weitere Einflüsse der gewählten Prozessparameter deutlich. Dies ist insbesondere an den Messungen mit der Umfangsenergie von 800 kJ/m gut zu erkennen. Während die Spannweite des Versuchs Nr. 13 nur 2,7°C beträgt, liegt sie in Versuch Nr. 41 bei 6,1°C trotz gleicher Umfangsenergie. Weiterhin befinden sich die Versuche mit kontinuierlichem Betrieb des Induktors in allen Fällen über den Vergleichswerten mit PWM. Zusätzlich wird der Einfluss der Frequenz des Induktionsheizers verdeutlicht. Bei ansonsten gleichen Bedingungen liegt die Mehrheit der Spannweiten für 75 kHz über den Vergleichswerten für 34 kHz. Dieses Verhalten stimmt ebenfalls mit dem im Haupteffektdiagramm aus Bild 6.8 dargestellten Verhalten überein.

6.4.4 Vergleich von Simulation und Experiment

Comparison of simulative and experimental results

Der Vergleich von Simulation und Experiment zeigt unter qualitativen Gesichtspunkten viele Übereinstimmungen und erfüllt somit das primäre Ziel der Modellierung des qualitativen Temperaturverhaltens unter Ausnutzung von Pulsweitenmodulation. Die durch die Windungen des Induktors verursachten Konzentrationen in Magnet- und Temperaturfeld aus der Simulation sind auch in der realen Messung zu finden. Der in der Mitte des Induktors vorausgesagte Temperaturabfall spiegelt sich in den Messergebnissen ebenfalls wider. Bild 6.10 zeigt einen direkten Vergleich von Simulation und Experiment unter den relevanten Versuchsbedingungen.

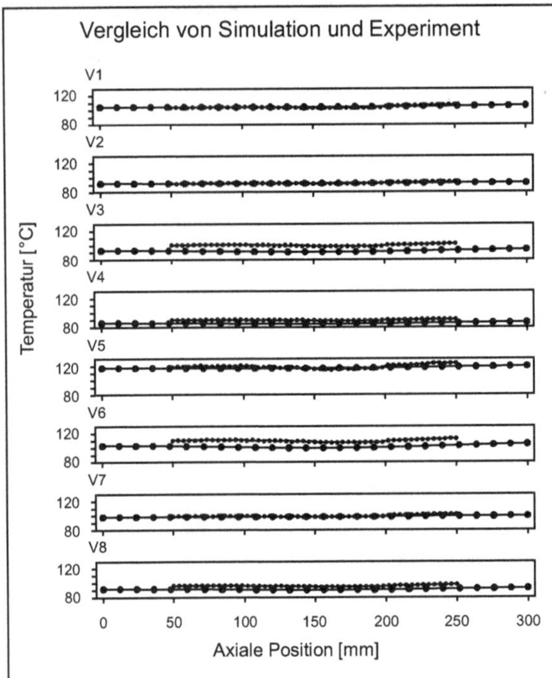

Messdaten

Simulation —●—

Experiment —•—

#	v [m/min]	P_{ind} [kW]	Q_P
1	0,5	20	2
2	0,5	20	0,5
3	1,5	20	2
4	1,5	20	0,5
5	0,5	20	kont.
6	1,5	20	kont.
7	0,5	10	kont.
8	1,5	10	kont.

Bild 6.10: Vergleich von Simulation und Experiment
Comparison of simulation and experiment

In Bezug auf die absoluteTemperatur stimmen Simulation und Experiment bis auf wenige Grad Celsius überein. Während sich die Temperaturkurven der mit 0,5 m/min durchgeführten Experimente mit den simulierten Kurven überschneiden, zeigen die Kurven der Experimente mit der dreifachen Geschwindigkeit von 1,5 m/min (V3, V4, V6, V8) einen geringen Temperaturversatz, wobei die sich aus den Experimenten ergebenden Kurven höher liegen als die Voraussage der Simulation. Dieses Verhalten spricht dafür, dass die im Modell getroffenen Vereinfachungen bei kürzerer Relaxationszeit vom Temperaturhöhepunkt unter dem Induktionsheizer bis zur Messstelle stärker ins Gewicht fallen als bei der längeren Relaxationszeit der niedrigeren Geschwindigkeit. Bedingt durch den Ansatz mit Hilfe eines konzentrierten Kapazitätsmodells wird für jedes Simulationselement eine homogene Temperatur vorausgesetzt. Je langsamer sich die Walze dreht und je größer die Relaxationszeit nach dem Temperaturhöhepunkt, desto eher stimmt diese Annahme.

Die mittleren Abweichungen der Temperaturkurven der kontinuierlichen Versuche (V5 – V8) liegen bei 1,8 % (V5) bzw. 0,9 % (V7) im Falle von 0,5 m/min und bei 7,3 % (V6) bzw. 4,9 % (V8) im Falle von 1,5 m/min. In den Versuchen mit PWM (V1 – V4) liegen die mittleren Abweichungen unterhalb von 1 % (V1, V2) in den Versuchen mit 0,5 m/min und bei 8 % (V3) bzw. 5 % (V4) in den Versuchen mit 1,5 m/min. Die absoluten Abweichungen der Temperatur liegen für alle Kurven unter 9°C.

Während das qualitative Temperaturprofil sowie die absoluten Temperaturen eine gute Übereinstimmung zwischen Simulation und Experiment aufweisen, zeigt die Spannweite der Temperatur leichte Unterschiede. Diese liegt in den meisten Fällen im Experiment höher als in der Simulation, was wiederum auf die gröbere Auflösung der Simulation und der damit einhergehenden Tiefpassfilterung des Temperaturverlaufs zurückzuführen ist.

6.5 Interpretation der Ergebnisse

Interpretation of results

Die in 6.4 dargestellten Ergebnisse zeigen, dass die Wahl der Prozessparameter für den Erwärmungsprozess der Prägewalze im Hinblick auf die gegebenen Anforderungen eines kontinuierlichen T-NIL-Prozesses von großer Bedeutung ist. Hierbei hat die eingebrachte Umfangsenergie den größten Einfluss auf die zu erwartenden Temperaturverläufe und kann als grobe Stellgröße innerhalb des Prozesses betrachtet werden.

Aus den Ergebnissen in den Unterkapiteln 6.4.2 und 6.4.3 wird jedoch deutlich, dass die Variabilität der für die spätere Produktqualität ausschlaggebenden Spannweite der Temperatur innerhalb einer Umfangsenergie erheblich sein kann und die Spannweite im Extremfall um über 50% senkt (vgl. Bild 6.9). Eine Prozessauslegung muss daher unter Einbeziehung aller gegebenen Randbedingungen erfolgen und sollte die erarbeiteten Wechselwirkungen der unterschiedlichen Stellgrößen stets berücksichtigen.

Hierbei können die folgenden Regeln aus den bisherigen Ergebnissen abgeleitet werden:

- Falls die Anforderungen an die Induktorleistung es zulassen, ist ein gepulster Betrieb des Induktionsheizers dem kontinuierlichen Betrieb vorzuziehen, da im gepulsten Betrieb eine homogenere axiale Temperaturverteilung beobachtet werden konnte.

- Eine geringere Induktionsfrequenz wirkt sich im untersuchten Versuchsraum von 34 kHz bis 75 kHz positiv auf die Temperaturhomogenität aus.

- Ein niedriges Pulsverhältnis mit $t_L > t_H$ begünstigt die axiale Temperaturhomogenität.

- Die absoluten Pulsdauern sind im Vergleich zum Pulsverhältnis von nachrangiger Bedeutung.

- Die Geometrie des Induktors beeinflusst das qualitative Verhalten des entstehenden Temperaturfeldes.

6.6 Zwischenfazit

Interim conclusion

In Kapitel 6 der vorliegenden Arbeit wurden die simulativen Ergebnisse aus dem vorangegangenen Kapitel anhand eines Erwärmungsprüfstandes experimentell überprüft. Bei der Gegenüberstellung der Ergebnisse zeigen sich gute Vorhersagen des qualitativen Temperaturverlaufs sowie der absoluten Temperatur. Dabei können die Experimente mit niedriger Geschwindigkeit mit einer mittleren Temperaturabweichung von unter 2 % durch das Simulationsmodell nachgebildet werden, während die

Experimente mit höherer Geschwindigkeit Abweichungen von bis zu 8 % aufweisen. Die simulativen Vorhersagen der axialen Homogenität liefern bei ihrer experimentellen Überprüfung nur ein unzureichendes Bild des realen Verlaufs. Während der qualitative Temperaturverlauf gut nachgebildet wird, zeigen die experimentellen Daten weitere Details wie die Sichtbarkeit einzelner Induktorwindungen im Temperaturbild.

Sowohl in der Simulation als auch im Experiment können axiale Temperaturprofile gemessen werden, welche die Anforderungen an die Temperaturspannweite bei der T-NIL erfüllen und gleichzeitig in einem Bereich liegen, der die Verarbeitung gängiger thermoplastischer Materialien wie PMMA oder PET zulässt. Zusammen mit den Ergebnissen aus Kapitel 5 kann die zweite Forschungsfrage in dieser Arbeit nach der Erfüllbarkeit der Temperaturanforderungen an die T-NIL durch das erarbeitete Anlagenkonzept positiv beantwortet werden.

Neben der Überprüfung der Anforderungen an den Prozess hinsichtlich der Temperatur wurden in diesem Kapitel Untersuchungen zu den unterschiedlichen Einflussgrößen des Erwärmungsprozesses durchgeführt. Hierbei erwies sich insbesondere die Nutzung von Pulsweitenmodulation bei der Ansteuerung des Induktionsheizers als vorteilhaft für die spätere Temperaturverteilung auf der Prägewalze. Selbst bei rechnerisch gleicher eingebrachter Energie konnte die Spannweite der Temperaturverteilung durch die Verwendung des Induktionsheizers im gepulsten Betrieb um bis zu 50% gesenkt werden. Dies stellt eine wichtige Erkenntnis für die weitere Durchführung von Experimenten dar.

Trotz der aufschlussreichen Ergebnisse der bisher durchgeführten Versuche bleibt die Übertragbarkeit auf ein reales Prägesystem und die Anwendbarkeit des Systems im Zusammenspiel mit den anderen Einheiten der Versuchsanlage bislang unbeantwortet. Um eine Antwort auf die dritte Forschungsfrage geben zu können, werden im nächsten Kapitel Versuche auf der am Fraunhofer IPT aufgebauten Pilotanlage durchgeführt und die Tauglichkeit des gesamten Konzeptes für die Produktion mikrostrukturierter Folien untersucht.

7 Übertragung der Ergebnisse auf ein Prägesystem

Transfer of the results to an embossing system

Für die weitergehende Validierung des variothermen Verfahrensansatzes mithilfe eines Induktionsheizers wurden Versuchsreihen zur Folienfertigung an der in Kapitel 4 beschriebenen Pilotanlage durchgeführt. In den bisherigen Versuchen konnte ein theoretisches Modell des Erwärmungsprozesses sowie dessen experimentelle Überprüfung erarbeitet werden. Da der finale Produktionsprozess jedoch noch von weiteren Faktoren wie beispielsweise dem Prägedruck beeinflusst wird, muss das implementierte System im Zusammenspiel aller Einflussgrößen getestet werden.

In diesem Kapitel werden die im Rahmen dieser Arbeit durchgeführten Versuche zur Validierung des Gesamtkonzeptes anhand einer Pilotproduktion beschrieben.

7.1 Empirische Validierung des Konzeptes

Empirical validation of the concept

Um das bislang theoretisch und auf Prüfstandsbasis vorgestellte Konzept in eine Pilotanwendung zu überführen, wird eine Validierungsstudie durchgeführt, welche das vorgestellte Konzept anhand einer Folienproduktion untersucht. Die Validierungsstudie beinhaltet neben den bereits bekannten Einflussparametern aus dem Prüfstandsversuch die zusätzlichen Parameter der Prägeeinheit, welche hauptsächlich den Prozessdruck beeinflussen. Dies sind:

P_W - Der Fülldruck der pneumatischen Andruckzylinder bestimmt die Andruckkraft der Prägewalze auf der Seite des Folieneinlaufs und ist ein ausschlaggebender Faktor für den Prägedruck. Aufgrund der konstruktiven Position bestimmt die Andruckkraft den Prägedruck an der heißesten Stelle der Prägeeinheit. Durch die verbauten Pneumatikzylinder der Firma Festo sind Andruckkräfte von ca. 10 kN pro Zylinder realisierbar. Die entsprechende Stellgröße an der Anlage ist der Fülldruck (P_W) des Zylinders, welcher zwischen 0 bar – 10 bar liegen kann.

F_B - Die Spannkraft des Stahlbandes ist ausschlaggebend für die Größe des vollflächigen Andrucks der Folie an die Prägewalze. Dieser Mechanismus soll den Rückfluss der geprägten Strukturen aus den Kavitäten in den Ursprungszustand verhindern und eventuelle Schwindungseffekte kompensieren. Die Spannkraft wird durch zwei elektromechanische Zylinder der Firma Bosch Rexroth erzeugt und kann bis zu 5 kN betragen.

Strukturell ist die Validierungsstudie in zwei Teile unterteilt. Zunächst wird ein reduziertes DOE durchgeführt, um die Haupteffekte der erarbeiteten Einflussparameter auf den Produktionsprozess zu untersuchen. Im zweiten Schritt wird ein Skalierungsversuch mit einem positiv bewerteten Parametersatz durchgeführt, um die Anwendbarkeit des Konzeptes bei höheren Prozessgeschwindigkeiten zu untersuchen. Die einzelnen

Bestandteile der Validierungsstudie sind in den folgenden Unterabschnitten näher beschrieben.

7.1.1 Zielsetzung

Goals and objectives

Ziel des Validierungsversuches ist es, das bisher erarbeitete Maschinenkonzept als Gesamtsystem in seiner Funktion zur kontinuierlichen Herstellung von Mikrostrukturen mittels eines thermischen Gradienten zu validieren. Eine Bewertung der Funktionalität des Systems kann in dieser Stufe nicht mehr anhand reiner Temperaturmessungen erfolgen, sondern wird anhand der Replikationsqualität optisch funktionaler Mikrostrukturen überprüft.

Neben der Replikationsqualität der Strukturen ist hierbei insbesondere die Realisierbarkeit eines kontinuierlichen thermischen Gradienten sowie die Homogenität der replizierten Strukturen von Interesse. Die Effekte der Heiz- und Andruckkonzepte der Anlage werden statistisch nach der DOE-Methodik ausgewertet.

7.1.2 Rahmenbedingungen der Studie

Frame conditions of the study

Um eine optimale Vergleichbarkeit zwischen den einzelnen Studienbestandteilen zu ermöglichen, wurden die Rahmenbedingungen für alle Bestandteile konsistent gehalten. Im Folgenden sind die einzelnen Rahmenbedingungen beschrieben.

Versuchsmaterial

Als Versuchsmaterial wird eine Polyethylenterephthalat-Glykol (PETG) Folie der Firma Pütz GmbH & Co. Folien KG mit einer Dicke von 250 µm und einer Folienbreite von 250 mm verwendet. Aufgrund des Glykols verliert das Polyethylenterephthalat (PET) seine semikristallinen Eigenschaften und erhält eine amorphe Polymerstruktur. Diese begünstigt das Umformverhalten des Materials und sorgt im Gegensatz zu herkömmlichem PET für eine gleichmäßige Glasübergangstemperatur.

PETG besitzt im Allgemeinen eine Glasübergangstemperatur von etwa 80°C und ist somit gut für den erarbeiteten Temperaturbereich der Versuchsanlage geeignet. Weiterhin besitzt PETG gute optische Eigenschaften und kann daher als prototypisches Material für Vorprodukte genutzt werden, die in einem skalierten Prozess je nach Produktanforderung aus teurerem Polymethylmethacrylat (PMMA) gefertigt werden.

Prägewalze und Teststrukturen

Als Prägewerkzeug wird die bereits in den Erwärmungsversuchen verwendete verkupferte Walze genutzt, welche im Ultrapräzisions-Diamantdrehprozess (UP-Drehen) erneut bearbeitet wurde. Angepasst an die Fertigungsmöglichkeiten des UP-Drehens werden Mikrostrukturen mit optischer Funktionalität als Teststrukturen verwendet. Hierbei werden lineare Nutenstrukturen in die Walze eingebracht, wie sie beispielsweise für die Verbesserung der Bildschirmhelligkeit zum Einsatz kommen (vgl. Abschnitt 2.4). Das Layout der Versuchswalze ist in Bild 7.1 schematisch sowie am realen Werkstück dargestellt.

Draufsicht der realen Einbausituation

Schematisches Strukturlayout

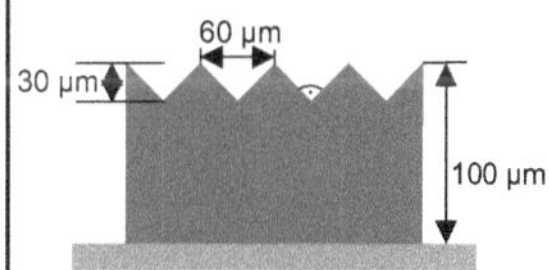

Die Strukturtiefe beträgt 30µm bei einem Öffnungswinkel von 90°. Die Strukturen befinden sich auf einem 100µm hohen Sockel über der Walzengrundfläche.

Bild 7.1: Reale Einbausituation und schematisches Layout der Versuchswalze
Photo of the real setting and structural layout of the embossing drum

Die verwendeten Nutenstrukturen wurden mithilfe eines spitzen Werkzeugs als spiralförmige Gewindeschnitte (G-Code Befehl G33) in die erhabenen Sockel auf der Walze eingebracht, nachdem diese vorher mit einem verrundeten Diamantwerkzeug (R= 1 mm) um 100 µm vom Grund der Walze abgesetzt wurden. Das Absetzen der Sockel sorgt dafür, dass sich der Prägedruck hauptsächlich auf die strukturierten Bereiche der Walze verteilt, wo er zum Umformen der Folie benötigt wird. Jeder strukturierte Bereich besitzt eine Breite von 50 mm und einen Abstand von 10 mm zur benachbarten Struktur. Die sich ergebenden 170 mm Breite liegen mittig auf dem insgesamt 300 mm breiten Ballen der verwendeten Prägewalze.

Quantifizierung der Versuchsergebnisse

Im Unterschied zu den bislang vorgestellten Ergebnissen zum Erwärmungsverhalten soll das entwickelte Maschinenkonzept im anschließenden Versuch nicht länger anhand seines Erwärmungsverhaltens, sondern anhand der Qualität der produzierten Mikrostrukturen bewertet werden.

Als wesentliches Qualitätskriterium bei der Bewertung der Abformungsergebnisse wird die Höhe der replizierten Strukturen sowie die sich einstellende Verrundung an der Strukturspitze ausgewählt. Weiterhin werden während des Versuches statistische Auswertungen der Spannweite der Temperatur durchgeführt, um deren Einflüsse auf die Homogenität der Abformung zu untersuchen. Die abgeformten Mikrostrukturen werden anhand von Schliffbildern bewertet. Hierzu wurden einzelne Folienproben in eine Harzmatrix eingebettet und senkrecht zur Strukturrichtung geschliffen, sodass sich ein Querschnitt der abgeformten Strukturen zeigt. Zusätzlich wurden qualitative Draufsicht-Aufnahmen der Proben unter einem Laser-Konfokalmikroskop aufgenommen.

Die Vermessung der angefertigten Schliffbilder und Folienproben fand am Fraunhofer IPT unter den kontrollierten Umweltbedingungen einer Klimakammer statt. Zur Vermessung der Proben in Draufsicht wurde ein 3D-Laserscanning-Mikroskop der Firma Keyence Corp. des Typs VK-9710 verwendet. Die quantitative Vermessung der Schliffbilder wurde unter dem Auflicht-Mikroskop „Axio Imager m2m“ der Firma Karl Zeiss durchgeführt.

Bild 7.2 zeigt die verwendeten Messmittel sowie ein qualitatives und ein quantitatives Bild der hergestellten Folienproben.

Keyence VK-9710	Axio Imager m2m
 Bildquelle: Fraunhofer IPT	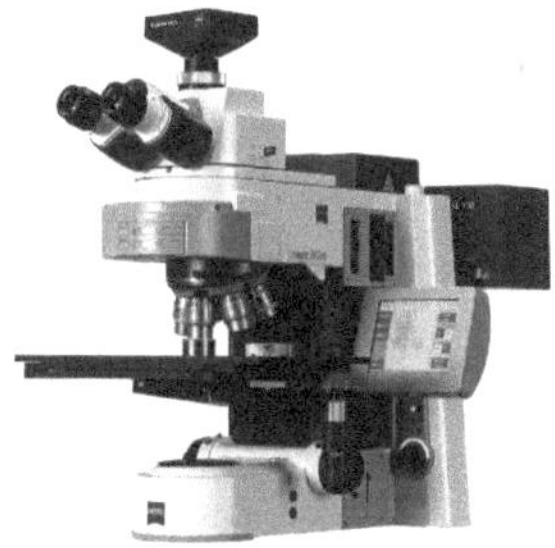 Bildquelle: [CARL23]
Qualitatives Bild	**Vermessung eines Schliffbildes**
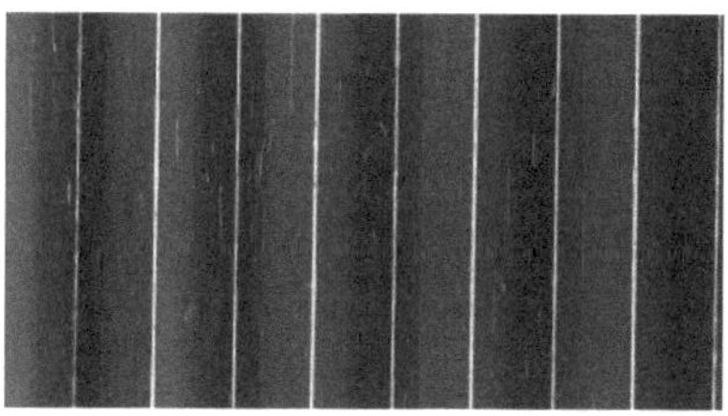 Probe aus Versuch 9 – Konfokale Aufnahme – Qualitatives Bild der hergestellten Nutenstrukturen	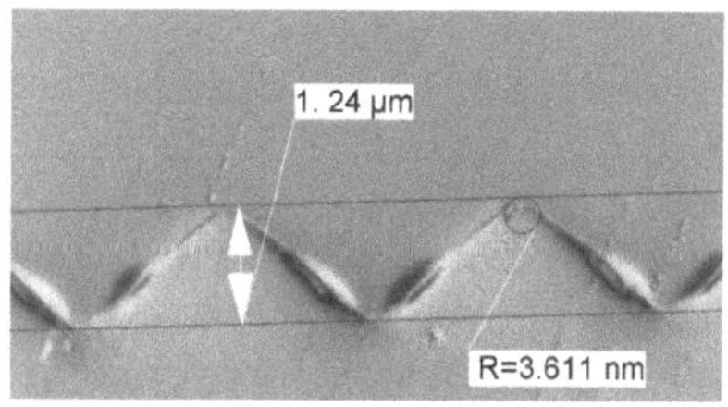 Probe aus Versuch 6 – Hellfeld-Aufnahme – Quantitatives Bild der hergestellten Strukturen im Querschnitt – H=24µm – R=3.4µm – 3.6µm

Bild 7.2: Verwendete Messmittel und Beispielbilder zur Bewertung der Versuchsergebnisse
Measurement systems and exemplary images used for the subsequent evaluation

Die Quantifizierung der Versuchsergebnisse erfolgte dabei an jeweils 3 Stellen der replizierten Folie, wobei jeweils 4 Nutenstrukturen zur Vermessung der mittleren Höhe herangezogen wurden. Insgesamt schließen die Daten eines jeden Versuchs also 12 vermessene Strukturen ein. Der Radius wurde an jeder Messstelle an zwei Strukturen vermessen, sodass 6 Messungen für jeden Versuch die Grundlage der Radienbewertung bilden.

Die Orte der Messungen wurden anhand visueller, qualitativer Einschätzungen ausgewählt, sodass jede Messung Strukturen aus der Mitte der Folie sowie zu beiden Seitenrändern gelegene Strukturen enthält.

7.1.3 Faktorieller Versuch

Factorial experiments

Nach den Ergebnissen des Prüfstandsversuchs aus Kapitel 6 können in Bezug auf die Prozesseinflüsse die folgenden Schlüsse gezogen werden (vgl. Bild 6.5, Bild 6.8).

- Die Frequenz zeigt in keinem der bisher durchgeführten Versuche einen wesentlichen Einfluss auf die absolute Temperatur oder deren Verteilung.
- Der Einfluss der Induktionsleistung P_{Ind} und des Pulsverhältnisses Q_P ist überproportional groß im Vergleich zum Effekt anderer Faktoren.
- Es konnten bisher keine dreifachen Wechselwirkungen identifiziert werden, welche das statistische Signifikanzniveau überschreiten.

Aufgrund des geringen Einflusses der Frequenz wird diese im weiteren Verlauf dieser Arbeit nicht länger in die Prozessbetrachtung miteinbezogen. Weiterhin wird die für die Wirtschaftlichkeit des Prozesses wichtige Bahngeschwindigkeit entkoppelt von den beiden Leistungsfaktoren P_{Ind} und Q_P betrachtet, um die Untersuchungen hinsichtlich der Skalierbarkeit des Prozesses losgelöst von qualitätsbestimmenden Parametern betrachten zu können. Aufgrund der zu erwartenden Einschwingzeiten des thermischen Gradienten auf der Prägewalze nach Änderung der Produktionsparameter ist bei der Produktion mit einer hohen Ausschussmenge zu rechnen. Aus diesem Grund werden eine relativ geringe Bandgeschwindigkeit von 1 m/min und ein teilfaktorieller Versuchsplan gewählt.

Für das Design der Versuche wird ein Versuchsplan der Auflösung IV gewählt, bei dem sich die Anzahl der Experimente durch eine Vernachlässigung von Wechselwirkungen höherer Ordnung reduziert. Hierbei sind die zweifachen Wechselwirkungen miteinander verschränkt, sodass sich diese nicht gesondert voneinander betrachten lassen. Die Haupteffekte können jedoch weiterhin getrennt voneinander und von den zweifachen Wechselwirkungen betrachtet werden. Eine Verschränkung der Haupteffekte tritt nur mit Wechselwirkungen dritter Ordnung auf, welche auf Basis der Vorstudien jedoch als vernachlässigbar eingestuft werden. Tabelle 7.1 stellt die festen und variablen Parameter des durchgeführten Versuches und deren Faktorstufen dar.

Tabelle 7.1: Feste und variable Versuchsparameter für die empirische Übertragung der Einflussgrößen auf ein reales Prägesystem
Fixed and variable process parameters for the empirical transfer of influences to the pilotline

Feste Parameter			Variable Parameter							
Parameter	T_V	v_{Bahn}	P_{Ind}		F_{Band}		P_W		Q_P	
Niveau	konst.	konst.	+	-	+	-	+	-	+	-
Wert	75°C	1 m/min	25 kW	15 kW	3 kN	1 kN	7 bar	4 bar	2	0

Mit den gewählten Parametern wurde eine exemplarische Folienproduktion durchgeführt, bei der zu jedem Parametersatz 5 Laufmeter Folie gefertigt wurden. Dies entspricht ca. 3 vollständigen Umläufen der Prägewalze. Die nachfolgenden Ergebnisse beziehen sich ausschließlich auf Messungen innerhalb des genannten Bereiches. Das Folienmaterial im Übergangsbereich zwischen zwei Parametervarianten wurde nicht berücksichtigt.

7.2 Ergebnisse

Results

Im folgenden Unterkapitel werden die Ergebnisse der durchgeführten Validierungsstudie hinsichtlich der definierten Parameter dargestellt, um im weiteren Verlauf des Kapitels interpretiert zu werden. Zunächst werden die Ergebnisse des durchgeführten faktoriellen Versuchs basierend auf den Replikationsergebnissen der Mikrostruktur dargestellt. Dabei werden die Höhe der Mikrostrukturen, der sich ergebende Spitzenradius sowie die Spannweite der jeweiligen Größen als Bewertungskriterien herangezogen.

Anschließend werden die Temperaturmessungen des entstehenden thermischen Gradienten ausgewertet und die Daten der Maschinensteuerung hinsichtlich relevanter Prozessgrößen wie dem Prägedruck und der Bandspannungsregelung analysiert. Eine Liste aller für dieses Kapitel relevanten Versuchsparameter und -bezeichnungen ist in Tabelle 7.2 dargestellt.

Tabelle 7.2:Versuchsparameter des teilfaktoriellen Versuches
Parameters of the fractional factorial experiment

Bezeichnung	Druck	Bandspannung	Induktorleistung	Pulsverhältnis	
1	7 bar	3 kN	25 kW	H: 500 ms	L: 1000 ms
2	7 bar	1 kN	25 kW	H: $\rightarrow \infty$	L: 0 ms
3	4 bar	1 kN	15 kW	H: $\rightarrow \infty$	L: 0 ms
4	5,5 bar	2 kN	20 kW	H: 750 ms	L: 750 ms
5	4 bar	3 kN	25 kW	H: $\rightarrow \infty$	L: 0 ms
6	4 bar	3 kN	25 kW	H: 500 ms	L: 1000 ms
7	7 bar	1 kN	25 kW	H: 500 ms	L: 1000 ms
8	4 bar	1 kN	25 kW	H: 500 ms	L: 1000 ms
9	7 bar	3 kN	15 kW	H: $\rightarrow \infty$	L: 0 ms

Die Stellgrößen des Drucks beziehen sich dabei immer auf die pneumatischen Zylinder am Folienein- und -auslauf. Die angegebenen Drücke sind als direkt einstellbare Beaufschlagung der Zylinder mit Druck zu verstehen, da diese direkt gemessen werden kann. Es handelt sich nicht um den aus der Pressung am Prägespalt resultierenden Prägedruck.

In der Spalte zum Pulsverhältnis wird zwischen dem hohen und tiefen Signalpegel der Pulsweitenmodulation des Induktionsheizers unterschieden. Diese sind mit „H“ und „L“ (engl. High, Low) gekennzeichnet. Ist der Wert für einen hohen Signalpegel mit dem Unendlichkeitszeichen dargestellt, beschreibt dies einen Versuch mit kontinuierlichem Betrieb des Induktionsheizers ohne Pulsweitenmodulation.

7.2.1 Temperaturgradient

Temperature gradient

Während der Durchführung der dargestellten Parametervariationen werden die Walzentemperaturen am Folienein- und auslauf kontinuierlich erfasst. Aus den bereits in Abschnitt 6.1 erläuterten Gründen kommt zur präzisen Erfassung der Temperatur nur eine berührende Messung in Betracht. Hierbei werden die ebenfalls bereits in Abschnitt 6.1 beschriebenen Typ-K Temperaturfühler verwendet. Diese werden über hydraulische Messstative an die Walze gedrückt und die Temperatur somit punktweise erfasst. Das Auslesen der Temperatursensoren erfolgt dabei direkt über eine analoge Eingangsklemme der Anlagensteuerung. Aufgrund der geometrischen Abmessungen der Temperatursensoren und am Prozess beteiligten Walzen müssen die Messungen in einer Entfernung von ca. 100 mm vom eigentlichen Prägespalt durchgeführt werden. Bild 7.3 zeigt den während der Versuche verwendeten Messaufbau in der Anlage.

Weitwinkelaufnahme der Prägewalze mit berührenden Temperatursensoren

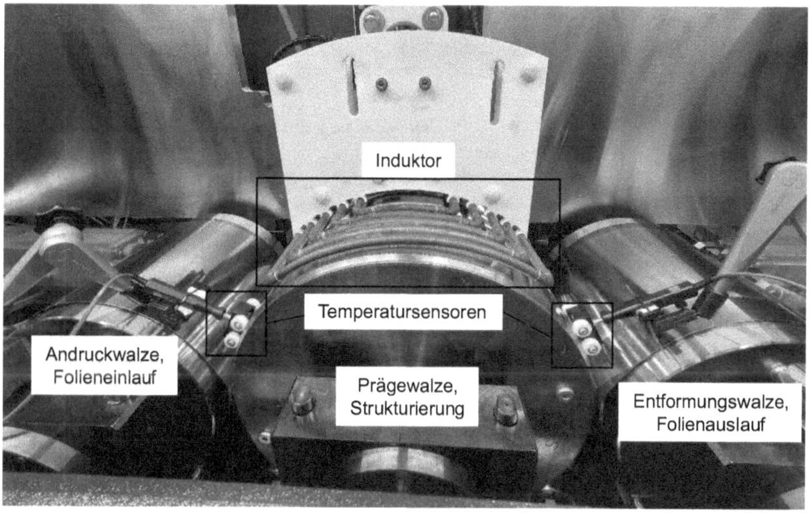

Bild 7.3: Weitwinkelaufnahme der Prägewalze mit berührenden Temperatursensoren.
Wide-angle picture of the embossing drum with touching temperature probes

Im faktoriellen Versuch konnten mittlere Werte für den kontinuierlichen Temperaturgradienten von 14,2°C (Versuch 7) bis 38,2°C (Versuch 5) erreicht werden. Dabei ist zu beobachten, dass die Temperaturen am Folienauslauf in einem engen Fenster von minimal 63,2°C (Versuch 1) bis maximal 74,2°C (Versuch 2) liegen, während die Temperaturen am Folieneinlauf eine Spannweite von mehr als 33°C aufweisen und von 77,9°C (Versuch 1) bis zu 111,2°C (Versuch 5) variieren. Bild 7.4 zeigt die Temperaturgradienten der durchgeführten Versuche. Der obere Graph in Bild 7.4 zeigt die aufgenommenen Temperaturgradienten aller durchgeführten Versuche. Die Kurven zeigen dabei die Differenz aus der Walzentemperatur am Folieneinlauf zum Folienauslauf. Eine exemplarische Darstellung der aufgenommenen Temperaturkurven von Versuch 2 ist in der mittleren Grafik dargestellt. Die Grafik unten zeigt die mittleren Ein- und Auslauftemperaturen der einzelnen Versuche.

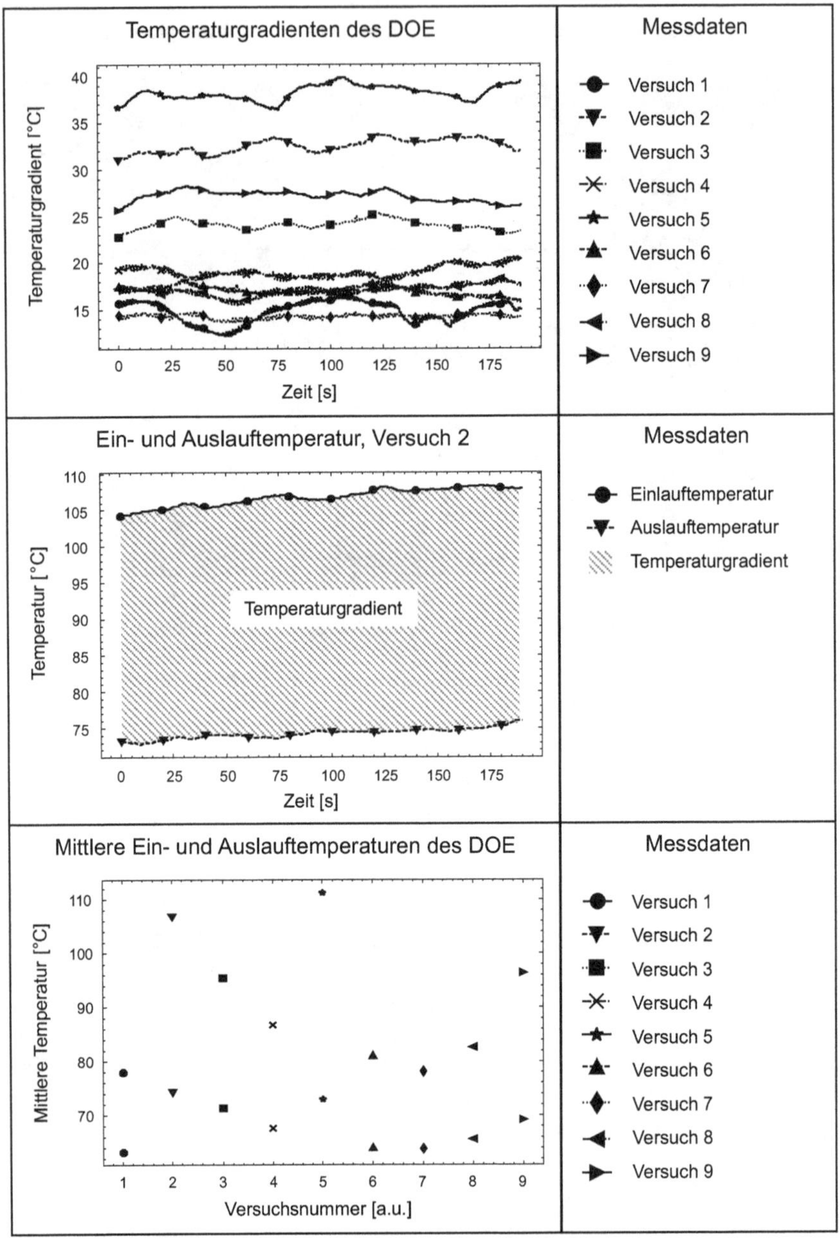

Bild 7.4: Verlauf der Temperaturgradienten im faktoriellen Versuch
Charts of the temperature gradients during the factorial experiment.

Es ist zu beobachten, dass die Versuche mit kontinuierlichem Betrieb des Induktionsheizers eine höhere Einlauftemperatur aufweisen als im gepulsten Betrieb. Die absoluten Temperaturen am Folienauslauf liegen alle unterhalb der Glasübergangstemperatur des verwendeten Materials (T_g≈80 °C), sodass das Material trotz des Temperaturgradienten im festen Zustand entformt werden kann. Die relativ geringe Spannweite der Temperaturen am Folienauslauf deutet weiterhin daraufhin, dass die zum Vortemperieren verwendete Peripherie der Anlage ausreichend dimensioniert ist, um ein kontinuierliches Aufheizen des Systems während des Prozesses zu verhindern.

Im Zuge einer statistischen Auswertung des Versuches bezüglich der Wirkung der Haupteffekte zeigen die Prozessparameter des Pulsverhältnisses und der Leistung des Induktionsheizers die größten Auswirkungen auf die Zielgröße des Temperaturgradienten. Wie auf Basis der Ergebnisse aus Kapitel 6.4 zu erwarten, wirkt sich ein höheres Pulsverhältnis dabei negativ auf die Höhe des Temperaturgradienten aus, wohingegen sich eine höhere Induktorleistung positiv auf die Höhe des Temperaturgradienten auswirkt. Die Effekte des Drucks und der Bandspannung fallen im Vergleich zu den Auswirkungen des Pulsverhältnisses nur geringfügig ins Gewicht. Während eine höhere Bandspannung tendenziell für einen größeren Temperaturgradienten sorgt, beeinflusst ein höherer Prägedruck den Temperaturgradienten negativ. Beide Einflüsse liegen jedoch unterhalb des statistischen Signifikanzniveaus (α_S=0,05) und liefern daher kein Indiz für ein tatsächliches Vorhandensein der errechneten Effekte. Bild 7.5 zeigt die Haupteffektdiagramme des Versuchs in Bezug auf den entstehenden Temperaturgradienten sowie ein Pareto-Diagramm der Effekte. Ein statistisches Signifikanzniveau von 0,05 wird in diesem Versuch als ausreichend angenommen.

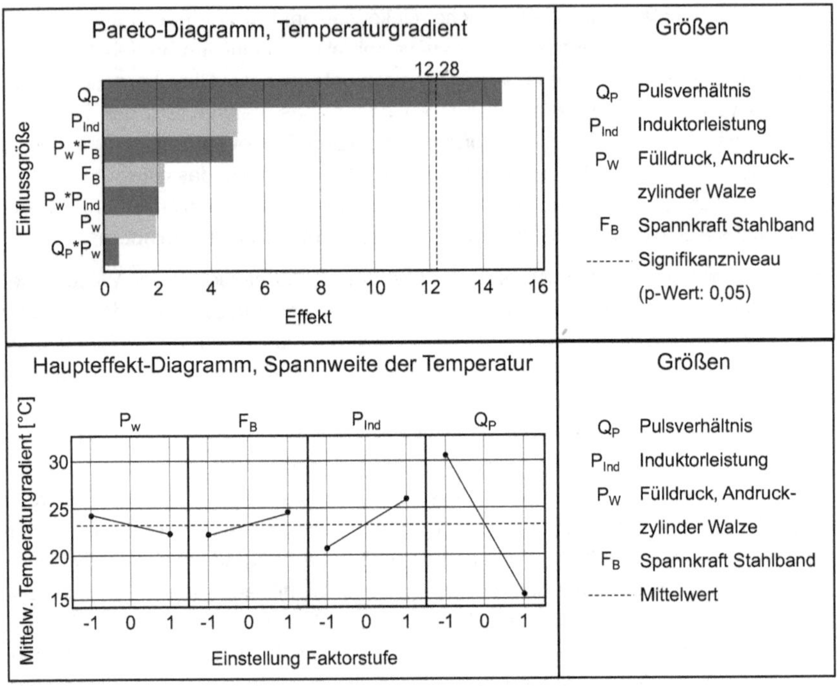

Bild 7.5: Pareto- und Haupteffektdiagramme des faktoriellen Versuchs in Bezug auf den Temperaturgradienten
Pareto- and maineffect-diagrams of the factorial experiment with respect to the temperature gradient

Das Pareto-Diagramm zeigt, dass einzig der Effekt des Pulsverhältnisses das gewählte Signifikanzniveau von 95% übersteigt, während alle anderen Effekte darunter liegen. Bemerkenswert ist, dass dem kombinierten Effekt aus Druck und Bandspannung auf den Temperaturgradienten eine in etwa gleiche Wichtigkeit zugeordnet wird wie der Leistung des Induktionsheizers.

7.2.2 Replizierte Mikrostrukturen

Replicated microfeatures

Während des faktoriellen Versuches wurden die in Abschnitt 7.1 beschriebenen linearen Mikrostrukturen kontinuierlich in thermoplastisches Folienmaterial abgeformt. Die dabei entstandenen Mikrogeometrien können anhand der Strukturmerkmale der Höhe und des Spitzenradius qualifiziert werden. Die Höhe der replizierten Strukturen lässt gute Rückschlüsse auf die vorhandene Strukturtreue des Prozesses zu und wird vom höchsten bis zum tiefsten Punkt einer jeden Struktur anhand der Schliffbilder vermessen, wie in Abschnitt 7.1.2 beschrieben. Der Spitzenradius gibt im Zusammenhang mit der Höhe Aufschluss über die Qualität der Abformung und kann durch zwei unterschiedliche Mechanismen entstehen. Einerseits entsteht ein Radius, wenn die Kavität auf der Walze nicht vollständig gefüllt wurde. Andererseits können jedoch auch Rückstellungseffekte im Polymer bei zu hohen Entformungstemperaturen zur Entstehung von Verrundungen an den Spitzen beitragen. Als untere Grenze für den entstehenden Radius fungiert die Verrundung der Kavität auf der Prägewalze und entspricht in letzter Konsequenz der Verrundung des verwendeten Diamantwerkzeugs. Als „spitz" deklarierte Diamantwerkzeuge weisen typische Restverrundungsradien auf einer Größenordnung von ca. 10 nm auf. Der hierdurch entstehende Fehler kann somit als vernachlässigbar betrachtet werden.

Als Vergleichsgröße für die replizierte Qualität dient eine Silikonabformung der Prägewalze, welche unter dem Laser-Konfokalmikroskop vermessen wurde. Bild 7.6 zeigt eine Darstellung der erzeugten Silikonabformung im Direktvergleich zu einem Ausschnitt der replizierten Struktur.

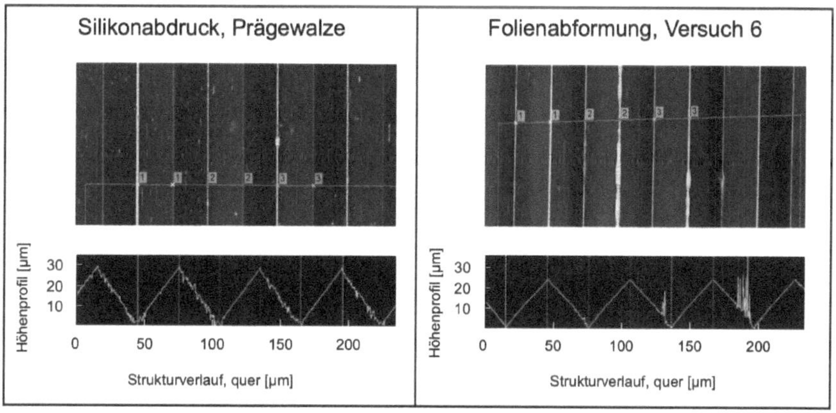

Bild 7.6: Links: Silikonabdruck der Struktur auf der Prägewalze. Rechts: Abformung aus Versuch 6
Left: Silicone imprint from the embossing drum. Right: Polymer imprint from the experiment

Der Vergleich der Struktur auf der Prägewalze mit der Abformung zeigt, dass sich die Strukturen sowohl in ihrer Höhe als auch in ihrem Spitzenradius leicht unterscheiden. Während die als ideal angenommene Struktur im Silikon eine mittlere Höhe von 29 µm aufweist, zeigt die Abformung lediglich eine mittlere Höhe von 24,5 µm, was einer Abformgüte von etwa 84 % entspricht. Damit einhergehend sind in der Aufsicht auch deutlichere Lichtreflexionen von den Strukturspitzen zu sehen, was für eine Verrundung an der Strukturspitze spricht.

In der Querschnittsansicht der Schliffbilder werden diese Unterschiede noch deutlicher hervorgehoben. Aus diesem Grund basieren alle weiteren Auswertungen bezüglich der Höhe und der Spitzenverrundung auf der Vermessung von Schliffbildern.

In der Vermessung der Schliffbilder unter dem Mikroskop zeigen sich deutliche Unterschiede zwischen den einzelnen Parametersätzen. Während einige Prägeparameter nur eine geringe Füllung der Kavitäten bewirken, werden die Strukturen mit anderen Parametern nahezu vollständig repliziert. Weiterhin zeigt die Wahl der Prägeparameter einen deutlich sichtbaren Einfluss auf die Homogenität der Abformung. Während sich die replizierte Höhe auf der Folie in Versuch 9 um nur ± 1 µm verändert, zeigt Versuch 3 bereits eine Variation der Strukturhöhe von ± 5,5 µm. In Bild 7.7 sind einige Ausschnitte der aufgenommenen Schliffbilder exemplarisch dargestellt. Dabei ist jeweils ein Ausschnitt des Strukturrandes sowie ein Ausschnitt aus der Strukturmitte gezeigt. Bei der hier erfolgten Bewertung wurden Schliffbilder als „mikroskopisch in Ordnung“ eingestuft, wenn die Querschnittsprofile der abgeformten Strukturen optisch erkennbare Spitzen aufweisen. Es handelt sich daher um eine qualitative Beurteilung ohne quantitativen Bezug. Dieser wird in den nachfolgenden Vermessungen hergestellt.

# / Bewertung	Strukturrand	Strukturmitte
Versuch: 1 Rand: NiO Mitte: NiO	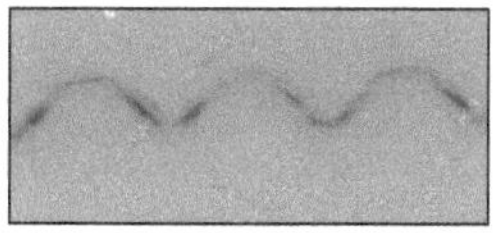	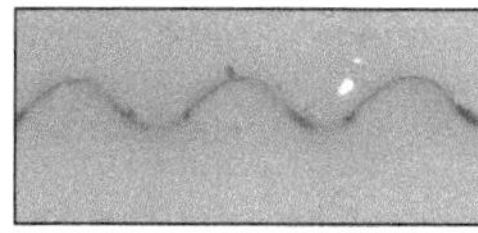
Versuch: 2 Rand: NiO Mitte: NiO	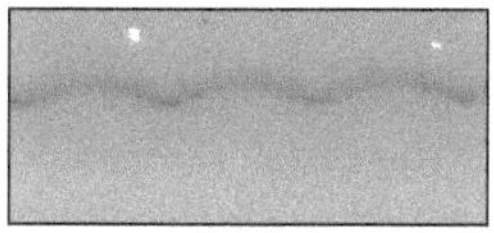	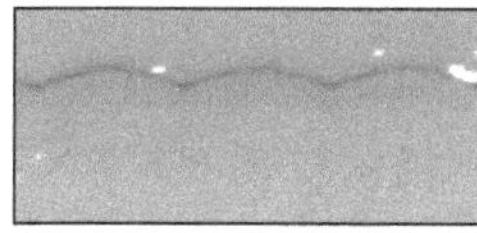
Versuch: 3 Rand: iO Mitte: NiO	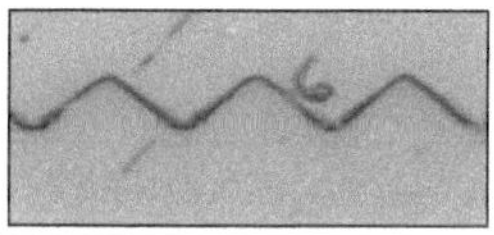	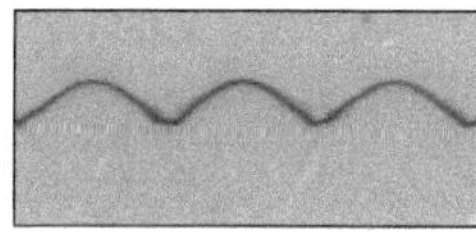
Versuch: 4 Rand: iO Mitte: NiO	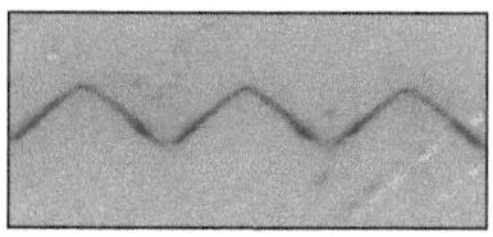	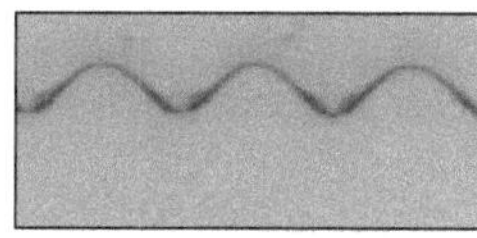
Versuch: 5 Rand: NiO Mitte: NiO	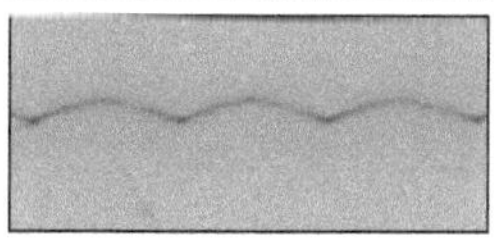	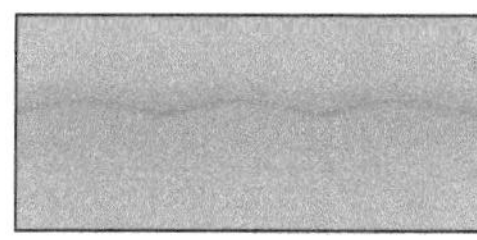
Versuch: 6 Rand: iO Mitte: NiO	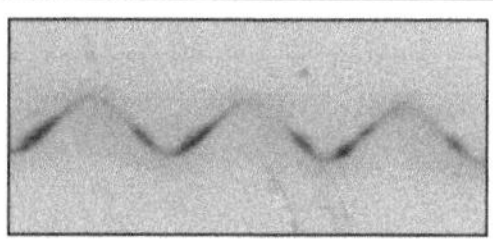	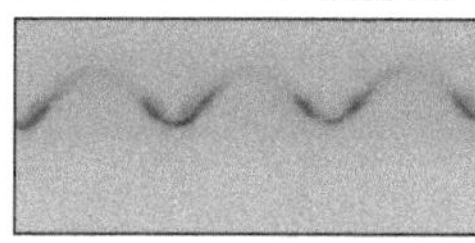
Versuch: 7 Rand: iO Mitte: NiO	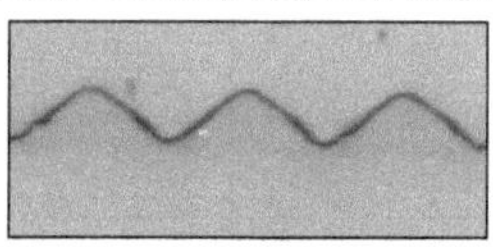	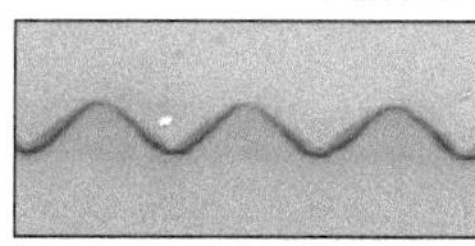
Versuch: 8 Rand: iO Mitte: NiO	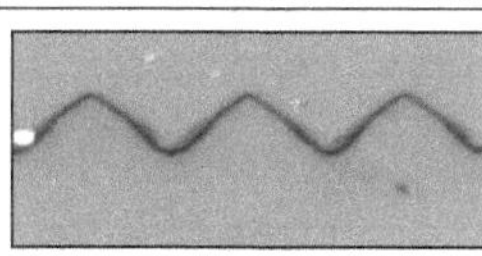	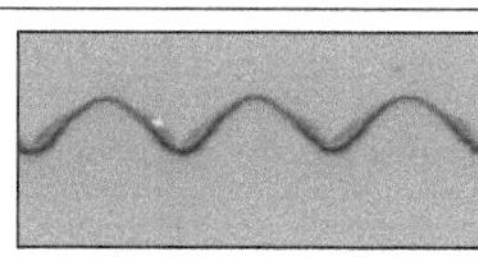
Versuch: 9 Rand: iO Mitte: iO	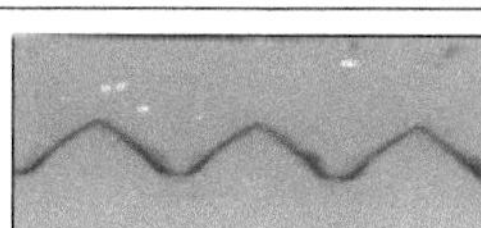	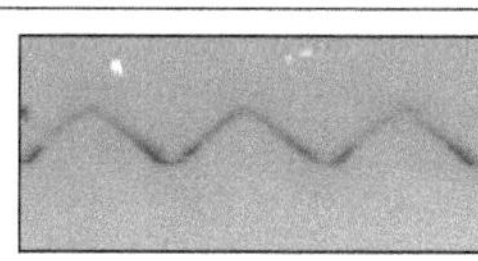

Bild 7.7: Ausschnitte der Schliffbilder der durchgeführten Versuche
Parts of the micrograph slices from the experiments

Der einzige Versuch, in dem über die ganze Strukturbreite nur mikroskopisch gute Strukturen hergestellt wurden, ist Versuch Nummer 9. Der Temperaturgradient des Versuchs liegt mit einer mittleren Temperaturdifferenz von 27,2°C im oberen Bereich der durchgeführten Versuche, jedoch nicht an der Spitze (vgl. Bild 7.4). Anders als bei Versuchsdurchläufen mit vergleichbaren Temperaturgradienten (V2, V3, V5) befanden sich die Parameter des Andrucks an die Prägewalze mit 7 bar Zylinderdruck und 3 kN Bandspannung am Maximum. Diese Beobachtung legt bereits nahe, dass die Gleichmäßigkeit der abgeformten Strukturen weniger stark vom erreichten Temperaturgradienten als vom Andruck an die Prägewalze bestimmt wird. Die statistische Analyse der vermessenen Strukturhöhen bestätigt diese Hypothese. Bild 7.8 zeigt die statistische Auswertung des Versuchs im Hinblick auf die Standardabweichung der replizierten Höhe.

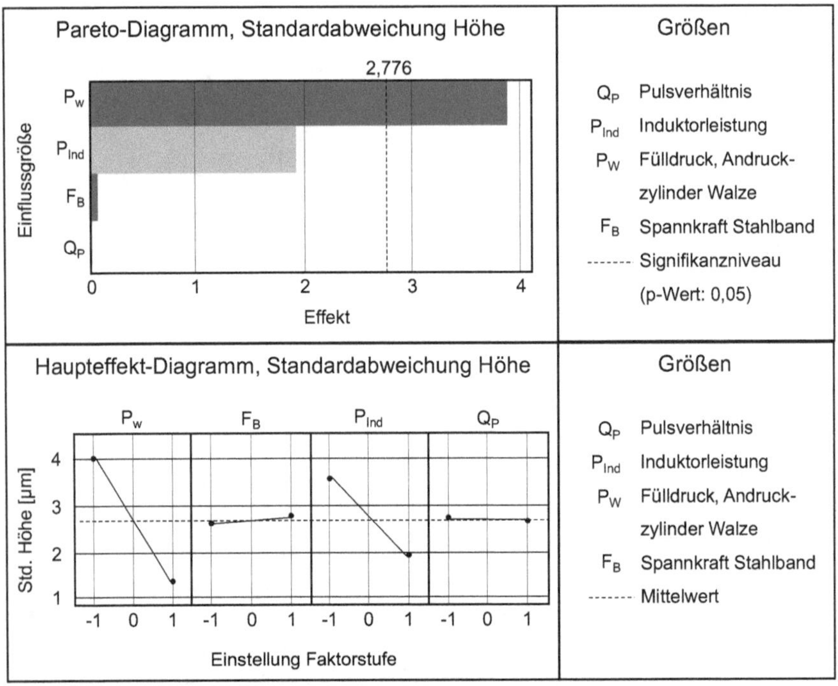

Bild 7.8: Statistische Auswertung der Standardabweichung der replizierten Höhe innerhalb einer Messung
Statistical evaluation of the standard deviation with respect to the replicated height within one measurement

Das Pareto-Diagramm zeigt deutliche Unterschiede in den Effektgrößen der einzelnen Prozessparameter. Während das Pulsverhältnis und die Bandspannung im Prozess nahezu keinen Einfluss auf die in der Abformung erreichte Homogenität haben, liegen die Einflüsse der Leistung des Induktionsheizers sowie des Drucks um das 27- bzw. 56-fache über den errechneten Auswirkungen von Druck und Bandspannung. Der

Druck liegt hierbei als einzige Prozessgröße über dem statistischen Signifikanzniveau von 95%. Aus einer durchgeführten Varianzanalyse (p-Werte) geht dabei hervor, dass der Druck mit einer Wahrscheinlichkeit von 1,8% keinen Einfluss auf die Standardabweichung der Höhe hat. Für die Leistung des Induktionsheizers liegt dieser Wert bei 12,7%. Die Zusammenfassung des Modells in der zur Auswertung genutzten Statistiksoftware Minitab zeigt eine geringe Streuung von ca. 0,64 µm und ist somit gut an den vorhandenen Datensatz angepasst.

Die angegebenen Werte besitzen jedoch keinen Absolutheitsanspruch und können von anderen Randbedingungen der durchgeführten Prozesse wie den Materialien von Werkzeug und Folie sowie der Wahl der Teststrukturen maßgeblich beeinflusst werden.

7.2.3 Spitzenradien der Mikrostrukturen

Tip radii of the microfeatures

Der Spitzenradius linearer Mikrostrukturen kann einen hohen Einfluss auf deren Verwendbarkeit in bestimmten Anwendungen haben. Hierbei sind insbesondere die Ansprüche von optischen Mikrostrukturen hoch, da eine verrundete Spitze das Auskopplungsverhalten der hergestellten Folie deutlich beeinflussen kann. Die Verrundung der Mikrostrukturen wird, wie in Abschnitt 7.1.2 beschrieben, anhand der angefertigten Schliffbilder vermessen.

Für die Restverrundung der Mikrostrukturen in den Spitzen stellt sich ein ähnliches Verhalten wie bei der replizierten Höhe heraus. Auch hier zeigt sich der Andruck an die Prägewalze als maßgeblicher Einflussfaktor. Die Verrundungsradien der Strukturen unterliegen im gewählten Einstellungsbereich der Prozessparameter dabei einer breiten Streuung von ca. 3,4 µm bis zu 38,2 µm. Bild 7.9 zeigt eine Darstellung der Extremfälle der Spitzenverrundung.

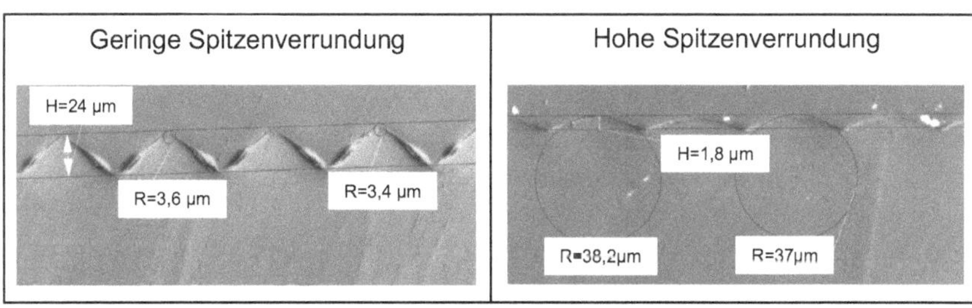

Bild 7.9: Schliffbilder mit Extremwerten der Strukturverrundung
Micrographs with the extreme values of the rounded tips

Das Verhältnis der Größen der einzelnen Effekte zueinander ist im Gegensatz zur Standardabweichung der replizierten Höhe ausgeglichener. Dabei unterscheiden sich die Effektgrößen von Bandspannung und Pulsverhältnis nur um ca. einen Faktor 4 von der Einflussgröße des Drucks. Wie bei der Beeinflussung der replizierten Höhe liegt jedoch einzig der Druck mit einem p-Wert von 3% über dem gewählten Signifikanzniveau von 95%. Bild 7.10 zeigt das Pareto- und Haupteffektdiagramm der Standardabweichung der Spitzenverrundung.

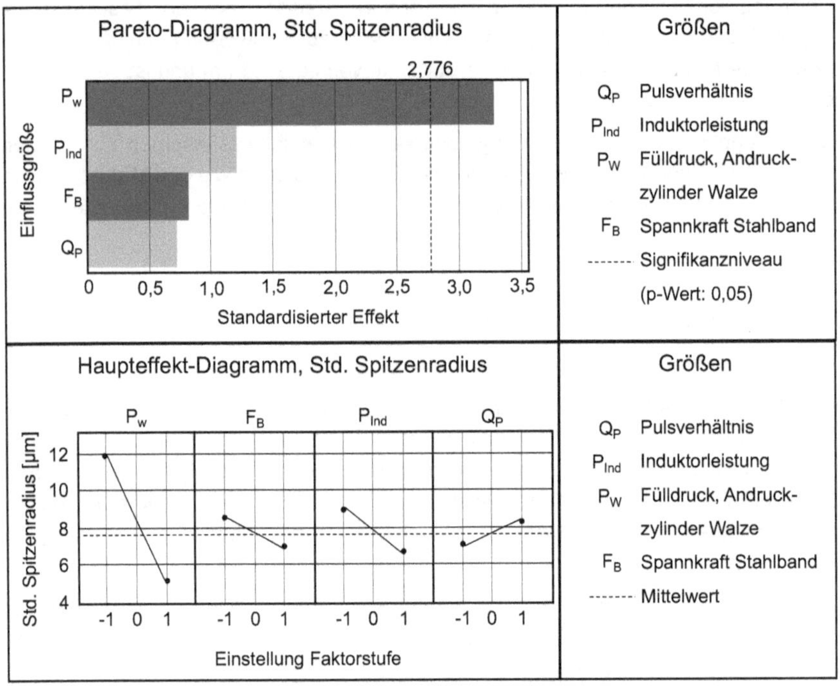

Bild 7.10: Pareto- und Haupteffektdiagramm der Prozessparameter auf die Standardabweichung des Spitzenradius
Pareto- and maineffect-diagrams with respect to thestandard deviation of the tip radius

Die Haupteffekte der Prozessgrößen auf die Standardabweichung des Spitzenradius zeigen ein ähnliches Bild wie die in Bild 7.8 dargestellten Zusammenhänge. Im Unterschied zu diesen zeigt sich jedoch eine deutlich positive Auswirkung der Bandspannung auf die Zielgröße sowie eine negative Auswirkung des Pulsverhältnisses. Insbesondere die positive Auswirkung der Bandspannung ist bemerkenswert, da dieser Einfluss bei der vorangegangenen Analyse als verschwindend gering eingestuft wurde.

7.3 Erhöhung der Produktionsgeschwindigkeit

Moving to higher production speeds

Die bisher dargestellten Versuchsergebnisse wurden unabhängig von der jeweils verwendeten Bahnlaufgeschwindigkeit von 1 m/min betrachtet, um die Auswirkungen der Geschwindigkeit aus der generellen Funktionsbetrachtung des entwickelten

Maschinenkonzeptes auszuschließen. In industriellen Fertigungskontexten ist jedoch die mögliche Prozessgeschwindigkeit eines Produktionsprozesses von hoher Relevanz. Aus diesem Grund wurde der Einfluss der Prozessgeschwindigkeit losgelöst von der Variation der anderen Prozessparameter gesondert betrachtet.

7.3.1 Auswirkung auf den Temperaturgradienten

Influence on the thermal gradient

Wie bereits in Bild 7.7 beschrieben, lieferten lediglich die Versuchsparameter des Versuchs 9 ausschließlich als „mikroskopisch in Ordnung“ einzustufende Ergebnisse. Um die Auswirkungen der Produktionsgeschwindigkeit auf die Güte der Replikation zu untersuchen, werden daher die Parameter des Drucks, der Bandspannung und des Pulsverhältnisses für den Versuch zur Erhöhung der Produktionsgeschwindigkeit übernommen. Einzig die verwendete Induktorleistung wird erhöht, da auf Basis der in Abschnitt 6.4 gemessenen Temperaturen eine Abnahme der Höhe des Gradienten bei höheren Produktionsgeschwindigkeiten zu erwarten ist.

In einem iterativen Prozess wird die Bahngeschwindigkeit um jeweils 0,5 m/min erhöht bis zu einer Maximalgeschwindigkeit von 3,5 m/min, da ab dieser Geschwindigkeit kaum noch Strukturen auf der Folie sichtbar waren. Bild 7.11 zeigt die mittleren Temperaturen an Folienein- und auslauf in Relation zu den einzelnen Produktionsgeschwindigkeiten.

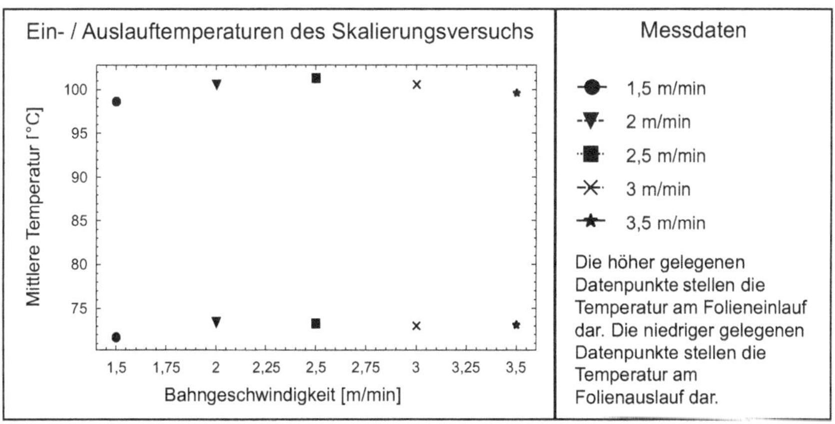

Bild 7.11: Mittlere Temperaturen an Folien Ein- und Auslauf in Abhängigkeit von der Bahngeschwindigkeit
Medium temperatures in the beginning and ending of the embossing unit

Der Skalierungsversuch zeigt, dass die Höhe des erreichten Temperaturgradienten nur schwach mit der Produktionsgeschwindigkeit verknüpft ist. Während die Entformungstemperatur sich von einer Geschwindigkeit von 2 m/min bis zu 3,5 m/min nur an der ersten Nachkommastelle ändert (73,45°C zu 73,14°C), sinkt die Temperatur am

Folieneinlauf um etwa 2°C ab. Die Auslauftemperatur wird damit nicht signifikant durch die höhere Bahngeschwindigkeit beeinflusst und die Höhe des Temperaturgradienten bleibt, trotz einer Steigerung der Geschwindigkeit um das 3,5 fache, im Vergleich zu den erreichten Werten aus Versuch 9 nahezu erhalten (vgl. Bild 7.4).

Die Stabilität des Temperaturgradienten über den betrachteten Geschwindigkeitsbereich liefert eine wichtige Erkenntnis für zukünftige Arbeiten im Hinblick auf die Skalierbarkeit des entwickelten Anlagenkonzeptes. Kann der Temperaturgradient auch bei höheren Produktionsgeschwindigkeiten aufrechterhalten werden, bietet das entwickelte Anlagenkonzept das Potential, auf industrielle Produktionsmaßstäbe und höhere Geschwindigkeiten skaliert zu werden.

7.3.2 Auswirkung auf die Abformqualität

Influences on the replication quality

Neben dem erreichbaren Temperaturgradienten ist die Abformqualität der Mikrostrukturen das ausschlaggebende Kriterium für eine erfolgreiche Skalierung der Folienproduktion. Aufgrund der höheren Bahngeschwindigkeit sinkt die Füllzeit der Mikrokavitäten mit steigender Geschwindigkeit ab, was zu Füllfehlern in Form von unvollständig abgeformten und stark verrundeten Strukturen führen kann. Bild 7.12 zeigt Schliffbilder der Versuche Skalierungsversuche sowie Aufnahmen der abgeformten Folie.

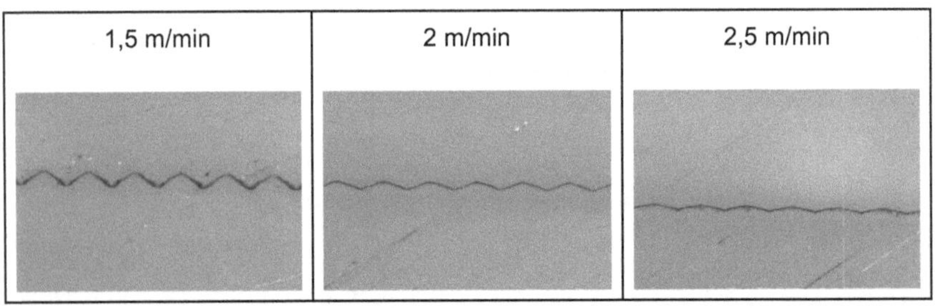

Bild 7.12: Schliffbilder der Skalierungsversuche von 1,5 m/min - 2,5 m/min
Micrograph slices of the speed trials from 1,5 m/min – 2,5 m/min

Die Schliffbilder zeigen einen deutlichen Verlust der Strukturqualität im Geschwindigkeitsbereich von 1,5 m/min bis 2,5 m/min. Während sich die Strukturen bei einer Geschwindigkeit von 1,5 m/min im Gegensatz zur Ausgangs-Strukturhöhe von Versuch 9 um nur 2,7 µm von durchschnittlich 20,3 µm auf durchschnittlich 17,6 µm ändern, zeigen die weiteren Erhöhungen der Geschwindigkeit einen drastischen Einfluss auf die replizierte Strukturhöhe. Ist im ersten Skalierungsversuch bei einer Geschwindigkeit von 1,5 m/min noch eine Strukturhöhe von ca. 58% der idealen Höhe vorhanden, sinkt dieser Prozentsatz in den Versuchen mit 2 m/min und 2,5 m/min auf unter 10% ab. Hier wurde aufgrund der geringen Replikationsqualität davon abgesehen, weitere Schliffbilder der Versuche mit noch höheren Produktionsgeschwindigkeiten anzufertigen.

Trotz des nahezu gleich gebliebenen Temperaturgradienten, einer weiterhin bestehenden Überschreitung der Glasübergangstemperatur am Folieneinlauf und einer Entformung unterhalb der Glasübergangstemperatur am Folienauslauf, zeigt sich hier eine starke Veränderung der Abformqualität. Da die einzige Änderung im Gegensatz zu den erprobten Produktionsparametern somit die Füllzeit der Kavitäten ist, lässt dies auf einen starken Einfluss dieser Prozessgröße mit zunehmenden Bandgeschwindigkeiten schließen.

7.4 Zwischenfazit

Interim Conclusion

In Kapitel 7 wurde das in den vorangogangenen Kapiteln dieser Arbeit ausgearbeitete Konzept für eine Pilotproduktion von mikrostrukturierten Folien eingesetzt. Bei den durchgeführten Experimenten sollte dabei vorranging die dritte Forschungsfrage beantwortet werden, welche darauf abzielt, die Prozesseinflüsse des erarbeiteten Konzeptes anhand der replizierten Strukturqualität zu beurteilen. Dabei wurden die Faktoren des Temperaturgradienten während der Produktion, die Gleichmäßigkeit und Spitzenverrundung der abgeformten Mikrostrukturen sowie die Auswirkungen einer höheren Produktionsgeschwindigkeit auf die Abformqualität betrachtet.

In Bezug auf den Temperaturgradienten während der Produktion kann die Schlussfolgerung gezogen werden, dass sich die Einstellung einer konstanten Prozesstemperatur mit dem erarbeiteten System effektiv verhindern lässt und ein stabiler Temperaturgradient mit einer Höhe von ca. 15°C – 40°C kontinuierlich aufrechterhalten werden kann. Die statistische Prozessanalyse zeigt hier insbesondere starke Einflüsse der Induktorleistung sowie des Pulsverhältnisses. Die Größen Druck und Bandspannung sowie Wechselwirkungen höherer Ordnung zeigen keinen relevanten Einfluss auf den Temperaturgradienten.

Vor dem Hintergrund der bisher beobachteten inhomogenen Temperaturverteilungen beim induktiven Erwärmen der Prägewalze wurde die Qualität der replizierten Mikrostrukturen sowohl anhand der Standardabweichung der replizierten Höhe im Vergleich zur Struktur auf dem Prägewerkzeug als auch anhand der Standardabweichung des Spitzenradius der Nutenstrukturen beurteilt. Die statistische Prozessanalyse zeigt hier bei beiden Antwortvariablen den Prägedruck als wichtigste Einflussgröße, gefolgt von der Induktorleistung. Obwohl der Prägedruck als wichtigste Einflussgröße hervortritt, wird der Spannung des Stahlbandes, welche ebenfalls den Prozessdruck beeinflusst, nur eine sehr geringe Bedeutung zugeschrieben, welche deutlich hinter den Einflüssen von Induktorleistung und Prägedruck zurückbleibt. Hier zeigt sich, dass für die Gleichmäßigkeit der abgeformten Strukturen vom Strukturrand zur Strukturmitte insbesondere die Hochdruckzone am Prägespalt von entscheidender Bedeutung ist, während der durch das Stahlband aufgebrachte Nachdruck das Prägeergebnis nur geringfügig verbessert. Trotz hoher Prägekräfte und -temperaturen bleibt nach der Entformung der Stuktur eine Spitzenverrundung von ca. 3 µm bestehen, womit die Qualität der

Silikonabformung des Werkzeuges nicht vollständig nachgebildet werden konnte. In Relation zur Silikonabformung wurde insgesamt eine Strukturtreue von etwa 85% erreicht.

Um einen weiteren Einblick in die spätere Verwendbarkeit des Maschinenkonzeptes zur hochskaligen Herstellung mikrostrukturierter Folien zu geben, wurde weiterhin ein Skalierungsversuch mit höheren Produktionsgeschwindigkeiten durchgeführt. Hier zeigt sich, dass höhere Produktionsgeschwindigkeiten das erreichbare Prozessergebnis deutlich verschlechtern. Während eine Erhöhung der Produktionsgeschwindigkeit von 1 m/min auf 1,5 m/min bereits einen Abfall der replizierten Strukturhöhe von ca. 10% zur Folge hat, sinkt diese bei einer Verdopplung der Geschwindigkeit stark ab, bis schließlich bei ansonsten gleichen Prozessbedingungen bei 250% der Ausgangsgeschwindigkeit nur noch etwa 10% der idealen Strukturhöhe erreicht werden.

Ein wichtiges Ergebnis der Skalierungsversuche in Bezug auf die weitere Erforschung des Prozesses ist, dass der Temperaturgradient auf der Prägewalze von der höheren Prozessgeschwindigkeit weitestgehend unbeeinflusst bleibt und eine nahezu konstante Temperaturdifferenz von etwa 27°C aufrecht erhalten werden konnte. Hier liegt daher der Schluss nahe, dass insbesondere die kürzere Prägezeit für ein schlechteres Prozessergebnis sorgt, nicht jedoch der sich ändernde Temperaturverlauf. Dies ist ein essentielles Ergebnis für weitere Skalierungsüberlegungen im Rahmen von weiterführenden wissenschaftlichen Arbeiten.

Die Beantwortung der dritten Forschungsfrage nach den signifikanten Einflussparametern in Bezug auf die replizierte Strukturqualität kann auf zwei Ebenen beantwortet werden. Auf der Ebene des Heizsystems beeinflussen insbesondere die Induktorleistung sowie das verwendete Pulsverhältnis den erreichbaren Temperaturgradienten und damit die Qualität des Prägeergebnisses. Auf der Ebene der Andruckeinheit spielt besonders der Druck des Prägespalts an der Andruckwalze eine wichtige Rolle, während der Einfluss des Stahlbandes demgegenüber geringfügig erscheint. In weiteren Überlegungen zu Forschungsarbeiten an dem entwickelten Anlagensystem kann der Fokus nachfolgender Arbeiten sich maschinenseitig auf diese beiden Funktionseinheiten fokussieren und andere, in dieser Arbeit nicht betrachtete Einflussgrößen, wie das Polymermaterial oder die Induktorgeometrie in den Betrachtungshorizont mit aufnehmen.

8 Zusammenfassung und Ausblick

Summary and Outlook

8.1 Zusammenfassung

Summary

Das primäre Ziel dieser Arbeit war es zu zeigen, dass der Prozess des variothermen Heißprägens auch unter für die kontinuierliche NIL üblichen Maschinenaufwänden realisiert werden kann, um den Grundstein für eine spätere industrielle Verwendung der Technologie zu legen. Trotz einer hohen Zahl an Publikationen und einer Vielfalt an variothermen Anlagenkonzepten im wissenschaftlichen Bereich ist diese Technologie bisher nicht in industrielle Anlagensysteme überführt worden. Ein Grund hierfür liegt in der häufigen Verwendung gurtbasierter Systeme, welche sich aufgrund einer komplexen Prozesskette für die Herstellung des Prägewerkzeugs nur schwierig skalieren lässt. In dieser Arbeit wird ein Konzept erarbeitet und realisiert, welches auf der Basis klassischer Prägewalzen funktioniert und die induktive Erwärmung als vorrangigen Temperierungsmechanismus nutzt. Anders als andere Publikationen in diesem Themenbereich konzentriert sich diese Arbeit dabei auf die maschinenseitige Charakterisierung des Prozesses und des Erwärmungsverhaltens sowie deren Einflüsse auf die replizierte Strukturqualität.

Die Zusammenfassung zum Stand der Technik (Kapitel 2) konzentriert sich nach einer grundsätzlichen Erklärung des Prozesses ebenfalls auf die für die kontinuierliche T-NIL genutzte Maschinentechnik. Unterschiedliche Gestaltungsmöglichkeiten für die Realisierung von Heiz- und Andruckeinheiten sowie von Prägewerkzeugen werden beschrieben und deren wesentliche Charakteristika herausgearbeitet. Anschließend werden beispielhaft unterschiedliche Anlagenkonzepte für die kontinuierliche T-NIL vorgestellt, welche in isotherme, zonale und graduelle Anlagenkonzepte unterteilt werden. Das Kapitel zum Stand der Technik schließt mit einem Überblick über die wichtigsten Anwendungsbereiche der kontinuierlichen T-NIL. Wichtige Strukturtypen aus den Märkten Optik und Photonik, Medizin und Life-Sciences sowie Bionik werden exemplarisch vorgestellt.

In Kapitel 4 wird das entwickelte Anlagenkonzept vorgestellt. Dieses basiert auf der Erzeugung eines kontinuierlichen Temperaturgradienten über eine Prägewalze mithilfe eines außenliegenden Halbschalen-Induktionsheizers. Weiterhin wird die genutzte Fläche der Prägewalze durch eine 180° Umschlingung eines Stahlbandes erweitert, sodass der entstehende Temperaturgradient optimal ausgenutzt werden kann. Es folgt eine mechanische Charakterisierung der Andruckeinheit der Anlage, welche sich in eine Hochdruckzone am Prägespalt sowie ein Nachdruckgebiet während der Bandumschlingung unterteilen lässt. Die Messungen zeigen, dass in der Hochdruckzone Drücke von ca. 900 bar realisiert werden können, während die Nachdruckzone nur einen geringen Druckanteil von unter 1 bar aufbringt. Das seitliche Laufverhalten des Stahlbandes wird theoretisch und experimentell beleuchtet und der entwickelte Positionierungsmechanismus charakterisiert. Im Ergebnis liegen die lateralen

Laufeigenschaften des Bandes in der Größenordnung seiner Fertigungstoleranzen und werden daher im weiteren Verlauf der Arbeit vernachlässigt.

In Kapitel 5 wird eine semi-analytische thermische Simulation des Maschinenverhaltens entwickelt, welche bereits den Induktionsheizer und dessen Charakteristika miteinbezieht. Der Fokus liegt hier auf der Berechnung des erzeugten Wärmeeintrags und der Höhe des realisierbaren thermischen Gradienten. Die absoluten Temperaturen werden dabei über ein konzentriertes Kapazitätsmodell angenähert. Im Ergebnis zeigt die Simulation einen möglichen Temperaturgradienten im Bereich von 25°C – 60°C. Ein weiterer Schwerpunkt des Kapitels liegt auf der Charakterisierung der axialen Temperaturhomogenität im entwickelten System. Es werden unterschiedliche Einflussparameter untersucht, welche zur Homogenisierung des Temperaturfeldes auf dem Prägewerkzeug beitragen können. Insbesondere der Betrieb des Induktionsheizers unter Nutzung einer Pulsweitenmodulation bietet hier großes Potential.

Nach der simulativen Untersuchung des thermischen Maschinenverhaltens werden in Kapitel 6 Versuche zur experimentellen Überprüfung der Simulationsergebnisse durchgeführt. Hierfür wird ein Prüfstand aufgebaut, welcher losgelöst vom Gesamtkonzept der Anlage betrieben werden kann und ausschließlich der thermischen Charakterisierung des Systems dient. Im Ergebnis können die wesentlichen Merkmale der Simulationsergebnisse im Experiment reproduziert werden. Zudem liegen die gemessenen Temperaturprofile sowohl in Bezug zur Zielgröße von ±1,5°C der axialen Homogenität als auch im absoluten Temperaturbereich auf einer Größenordnung, welche die Anforderungen an die T-NIL erfüllen und für die Verarbeitung relevanter thermoplastischer Materialien ($T_g \approx$ 70°C - 150°C, vgl. Tabelle 2.1) genutzt werden können.

Zur abschließenden Validierung des entwickelten Konzeptes (Kapitel 7) wird eine exemplarische Folienproduktion von optisch funktionalen Mikrostrukturen durchgeführt, deren Qualität anhand von Schliffbildern bewertet wird. Weiterhin wird das allgemeine Maschinenverhalten während der Versuche durch die verbaute Sensorik aufgezeichnet und ausgewertet. Im Ergebnis zeigt sich das Pulsverhältnis der PWM des Induktionsheizers als hauptsächliche Stellgröße zur Beeinflussung des thermischen Gradienten. Die erreichbare Höhe des Gradienten liegt dabei bei einem Temperaturunterschied von bis zu 40°C. Als ausschlaggebend für die erreichte Strukturqualität stellt sich insbesondere der Druck der pneumatischen Andruckwalze heraus. Während die Bandspannung nur geringe Einflüsse auf das Prägeergebnis zeigt, besitzt der Druck der pneumatischen Andruckwalze einen konsistent hohen Einfluss auf die gewählten Zielgrößen der Strukturhöhe und der Spitzenverrundung.

Eine sukzessive Erhöhung der Produktionsgeschwindigkeit führt im Prägeergebnis schnell zu deutlich geringeren Ausprägungen der Strukturhöhe trotz maximaler Druck- und Leistungseinstellung. Bemerkenswerterweise bleibt der Temperaturgradient jedoch auch bei höheren Geschwindigkeiten weitestgehend erhalten, sodass das Konzept der entwickelten Anlage grundsätzlich auch für höhere Produktionsgeschwindigkeiten geeignet erscheint.

8.2 Ausblick

Outlook

Das in dieser Arbeit entwickelte Konzept für die kontinuierlich variotherme Nanoimprintlithographie bietet eine fundierte Grundlage für weitere Entwicklungsschritte zur Industrialisierung des variothermen T-NIL-Prozesses. Der Transfer des entwickelten Konzeptes auf andere Strukturen und Materialien bietet jedoch Potential für weitergehende Forschungsarbeiten.

Ein hohes Potential für die Vertiefung der hier gewonnenen Erkenntnisse bietet insbesondere der Bereich der Andruckeinheit des Systems. Aufgrund der hohen Prozessdrücke sorgt der statische Zustand eines pneumatischen Zylinders an dieser Stelle für Kraftschwankungen. Gleichzeitig stellt sich der Druck jedoch im Hinblick auf die Strukturqualität als zentrale Stellgröße für die Prozessqualität heraus. In weiteren Arbeiten sollte der Fokus hier auf der Entwicklung einer aktiven Kraftregelung auf Basis elektromechanischer Zylinder liegen.

Des Weiteren zeigt die Geometrie des Induktors einen wesentlichen Einfluss auf den Verlauf der Temperaturfelder im Prozess. Eine Veränderung der Induktorgeometrie beeinflusst jedoch auch die anderen Schwingkreiskomponenten wie den Transformator und die Kondensatoren, sodass eine losgelöste Betrachtung nicht zielführend erscheint. Eine ganzheitliche Betrachtung der Auslegung des Induktionsheizers im Hinblick auf die Anforderungen der T-NIL und unter Berücksichtigung der in dieser Arbeit gewonnenen Erkenntnisse bietet ebenfalls hohes Potential für weitere Forschungsarbeiten in diese Richtung.

Die Ergebnisse dieser Arbeit streifen nur die Oberfläche einer detaillierten Betrachtung des Prozesses unter Gesichtspunkten der Skalierbarkeit. In Arbeiten aus angrenzenden Forschungsfeldern wie den Untersuchungen über die Skalierbarkeit des UV-NIL Prozesses aus [BAST20] werden fundierte Ansätze für diese Betrachtungen gegeben. Eine ähnliche Übertragung auf variotherme T-NIL-Prozesse ist jedoch zum Zeitpunkt dieser Arbeit nicht bekannt und bietet daher das Potential, in zukünftigen Arbeiten erforscht zu werden.

Zudem bieten die folgenden Aspekte Ansatzpunkte für weiterführende Analysen:

- Betrachtung der vor- und nachgelagerten Prozessmodule im Zusammenspiel mit dem T-NIL-Modul
- Temperaturstabile Antihaftbeschichtungen für die T-NIL

Einflüsse der weiteren Einstellparameter der Gesamtanlage wie der Bahnspannung wurden in dieser Arbeit nicht betrachtet. Gerade bei höheren Entformungstemperaturren können hohe Bahnspannungen die Strukturqualität jedoch negativ beeinflussen und sollten daher Gegenstand der weiteren Entwicklungen sein.

Ein bekannter Effekt aus der Verarbeitung thermoplastischer Materialien ist die klebende Anhaftung des Polymermaterials am Prägewerkzeug unter hohen

Entformungstemperaturen. Da die Entformungstemperatur in der kontinuierlichen T-NIL prozessbedingt nicht beliebig niedrig gewählt werden kann, ist die Verwendung von Antihaftbeschichtungen hier besonders wichtig. Da der Prozess jedoch kontinuierlich abläuft, kann die Beschichtung nicht wie im Spritzguss nach jedem n-ten Schuss erneuert werden. Hier sind alternative Ansätze gefragt, welche die längere Verwendung eines Prägewerkzeugs ermöglichen und gleichzeitig die optische Oberflächenqualität erhalten.

Summary and Outlook

The primary goal of this work was to proof the feasibility of variothermal hot embossing processes with reduced machine complexity to provide a base for the later industrial application of the developed technology. Although numerous publications in the field have been published by well-known research institutions, variothermal hot embossing processes are still not adequately represented in industrial machine equipment. One reason for this fact may be the high complexity of machines from the research area, due to the frequent use of belt-type embossing tools instead of embossing drums, which leads to a very complex scale-up process. This work presents and realizes a concept based on embossing drums with inductive heating as its primary temperature control-mechanism. The focus is thereby on the analysis of the process from the perspective of the thermal behavior of the machine and the influences on the replication quality.

The summary of the state-of-the-art (Chapter 2) focuses on the general characteristics of a hot-embossing process, as well as on the machine-components used in related works. Different concepts for heating- and pressure-units as well as different embossing-tools are described and characterized. Further, different concepts for continuous thermal hot-embossing are presented and classified into zone-based and gradient-based machine types. The chapter closes with an overview of the most important applications of the technology and exemplary structures from the fields of optics, photonics, life-sciences and bionic-applications.

Chapter 0 presents the developed machine-concept on the base of a continuous temperature gradient, which is realized by an induction heating system outside of the embossing drum. The area in which the actual molding process takes place is enhanced by a steel-web, which is wrapped around the embossing drum in a 180°-angle. After the general description, a mechanical characterization of the pressure zone at the line-contact of the embossing drum and the pressure drum, as well as of the contact-zone with the steel belt is carried out. The results show, that up to 900 bars can be realized in the line-contact zone, while the enhanced area of the steel-web provides only an additional pressure lower than 1 bar. Another critical component of the machine is the lateral movement of the steel-belt. It is theoretically explained and the guiding-quality of the developed concept is experimentally characterized. The results show, that the lateral movements of the steel-web are in the range of the manufacturing-tolerances and can therefore be considered negligible.

Chapter 5 presents a semi-analytical thermal simulation of the process-behavior, considering the inductive heating system. It focuses on the calculation of the induced thermal energy and the height of the thermal gradient, which can be realized in a continuous process. The absolute temperatures are calculated with a lumped-capacity model. As a result, the simulations show possible temperature gradients in a range from 25°C to 60°C. Besides the circumferential temperature gradient, the axial temperature homogeneity and its influencing parameters are also a studied in depth. Especially the use of pulse-width-modulation techniques show great potential regarding the axial temperature homogeneity in the simulation.

Chapter 0 presents the experimental proof of the previously elaborated simulation results. A testbench is developed, in which the thermal characterization of the system can be carried out without the influences of other process components. The results reproduce the characteristics from the simulation. Further, the temperature-profiles fulfill the requirements to a thermal NIL process with respect to the axial temperature-homogeneity of ±1,5°C as well as to the absolute processing-temperature of typical polymer materials, which is on the order of 70°C to 150°C (comp. Tabelle 2.1). It can be concluded that the derived concept is suitable for the processing of relevant thermoplastic materials.

For the final validation of the developed machine-system (chapter 0), an exemplary film-production of optically functional microstructures is carried out and the quality is evaluated by micrographs. The overall machine-behavior is recorded and analyzed by the integrated sensors. It turns out, that the PWM of the induction heating system has the biggest influence on the thermal gradient. Peak values of a thermal gradient of up to 40°C can be achieved. The biggest influence on the quality of the replicated structures is the pneumatic pressure in the line-contact area. While the tension-force of the steel-web shows only a small influence on the embossing result, the pneumatic pressure shows a consistently significant influence on the height of the replicated structures, as well as the sharpness of the tips.

At higher production speeds, the height of the structures decreases rapidly, although maximum pressure and inductive heating is applied. It is observed that the height of the thermal gradient stays consistently high even at higher speeds. This is an important result, which makes the concept also suitable for higher production speeds.

Outlook

The developed concept for the continuous variothermal Nanoimprintlithography provides a solid base for the subsequent development towards the industrialization of this process. Nevertheless, the transfer to other structures and materials provides potential for further research.

Especially the pressure-unit of the system provides potential for further development. Because of the high pressure in the system, the static state of a pneumatic cylinder causes variations in the process-force. As this parameter shows significant influences on the replicated quality, further developments should target the substitution of the pneumatic system by electromechanical cylinders and an active control system for highly stable embossing-conditions.

The geometry of the inductor also shows a high influence on the characteristics of the temperature fields during the process. As a change in the geometry of the inductor directly influences the related components in the resonating circuit like the inverter and the capacitance, a single focus on the geometry does not seem to be very promising. In contrast, a holistic approach on the construction of an induction heating system with the focus on the requirements to a thermal NIL process regarding the derived insights would provide a significant benefit towards the further developments in this field.

The results of this work only touch the surface of a more detailed consideration regarding the scalability of the process. In connected fields of research like the UV-NIL process, insightful works like the one of [BAST20] provide concepts for the further investigation of the scalability. A similar transfer to variothermal hot-embossing processes is not known at the time of this work and provides a high potential for further research.

In addition, the following aspects provide potential for further research:

- Research on the quality of the hot embossing process in connection with other modules of the system
- Temperature resistant anti-adhesion coatings for the thermal NIL

Influences from other parts of the production-line like the web-tension were not considered in this work. Especially at high demolding temperatures, the web-tension can have a negative impact on the replicated quality and should therefore be considered in further research.

A well-known effect from the processing of thermoplastic polymers is the stickiness to the molding tool. As the demolding temperature in a continuous process cannot be as low as in a discontinuous process, the use of anti-adhesion coatings becomes highly important. Because the continuous nature of the process, the coating cannot be renewed after a certain time as it is done in injection-molding. This challenge offers potential for further research and alternative approaches in this area, which enable a long lifetime of the tool, as well as the required optical surface qualities.

9 Literaturverzeichnis

[ABBO07] Abbott, S.; Gaskell, P.: Mass production of bio-inspired structured surfaces. In: Proceedings of the Institution of Mechanical Engineers, Part C: Journal of Mechanical Engineering Science. 221. Jg., 2007, Nr. 10, S. 1181–1191

[BAST20] Bastuck, T.: Skalierbarkeit von Rolle-zu-Rolle-UV-Nano-Imprint-Prozessen. (Reihe: Ergebnisse aus der Produktionstechnik, 2020, Band 31). 1. Auflage: Apprimus Verlag, 2020

[BUCH12] Buchbach, S.; Brinkmann, A.; Kordy, H.: HAI-TECH - Strömungsgünstige Oberflächen durch Lacksysteme Entwicklung eines anwendbaren Lacksystems zum Einsatz mit der Riblet-Technik im maritimen Bereich und im Süßwasser. 2012

[BURG13] Burghoorn, M.; Roosen-Melsen, D.; Riet, J. de; Sabik, S.; Vroon, Z.; Yakimets, I.; Buskens, P.: Single Layer Broadband Anti-Reflective Coatings for Plastic Substrates Produced by Full Wafer and Roll-to-Roll Step-and-Flash Nano-Imprint Lithography. In: Materials (Basel, Switzerland). 6. Jg., 2013, Nr. 9, S. 3710–3726

[CALL15] Callister, W.; Rethwisch, D.: Materials science and engineering. SI version. 9th edition. Hoboken, NJ: Wiley, 2015

[CARL23] Carl Zeiss Microscopy GmbH: ZEISS Axio Imager 2 für die Materialanalyse. Offenes Mikroskopsystem für automatisierte Materialforschung. URL: https://www.zeiss.com/microscopy/de/produkte/lichtmikroskope/weitfeld-mikroskope/axio-imager-2-fuer-die-materialforschung.html [Stand: 12.06.2023]

[CARP 21a]Carpe Diem Technologies, I.: Thermal Emboss. URL: https://carpediemtech.com/products/modules/thermal/ [Stand: 26.05.2021]

[CARP 21b]Carpe Diem Technologies, I.: Nano Imprint Lithography. URL: https://carpediemtech.com/products/systems/nanoimprint-lithography/ [Stand: 26.05.2021]

[CART21] Cartridge Heaters Maxiwatt LLC: Maxiwatt compressed cartridges. NiCr 8020 Heizelement bis 750°C. URL: https://www.cartridge-heater.com/us/catalog/premium-quality [Stand: 13.01.2021]

[CATE21] Cates, N.; Einck, V.; Micklow, L.; Morère, J.; Okoroanyanwu, U.; Watkins, J.; Furst, S.: Roll-to-roll nanoimprint lithography using a seamless cylindrical mold nanopatterned with a high-speed mastering process. In: Nanotechnology. 32. Jg., 2021, Nr. 15, S. 155301

[CHOU95] Chou Stephen Y., Peter R. Krauss, and Preston J. Renstrom: Imprint of sub-25 nm vias and trenches in polymers. In: Applied Physics Letters, 1995, Nr. 67, S. 3114–3116

[CHUA18] Chuang, C.-H.; Lu, D.-M.; Wang, P.-H.; Lee, W.-Y.; Shaikh, M.: Antireflective polymer films via roll to roll UV nanoimprint lithography using an AAO mold. In: Microsystem Technologies. 24. Jg., 2018, Nr. 1, S. 389–395

[COAT14] Coatema Coatings Machinery GmbH: Coatema Basecoater 3rd Generation. URL: https://www.coatema.de/images/P7_downloads/01_2014_Coatema_Folder_Basecoater_3G.pdf [Stand: 26.05.2021]

[COAT21] Coatema Coatings Machinery GmbH: Übersicht über die Coatema Coating Machinery GmbH. URL: https://www.coatema.de/de/unternehmen [Stand: 26.05.2021]

[CORN 23a] Cornelsen Verlag GmbH: DUDEN. URL: https://www.duden.de/node/142340/revision/1380506 [Stand: 26.09.2023]

[CORN 23b] Cornelsen Verlag GmbH: DUDEN. URL: https://www.duden.de/node/211235/revision/1332125 [Stand: 26.09.2023]

[DENG16] Deng, Y.; Chen, J.; Zhao, Y.; Yan, X.; Zhang, L.; Choy, K.; Hu, J.; Sant, H.; Gale, B.; Tang, T.: Transdermal Delivery of siRNA through Microneedle Array. In: Scientific reports. 6. Jg., 2016, S. 21422

[DETA22] Detamornrat, U.; McAlister, E.; Hutton, A.; Larrañeta, E.; Donnelly, R.: The Role of 3D Printing Technology in Microengineering of Microneedles. In: Small (Weinheim an der Bergstrasse, Germany). 18. Jg., 2022, Nr. 18, e2106392

[DORM22] Dormann, S.; Kosel, M.; Zontar, D.; Brecher, C.: Ultra-precise surface structuring in nanometer scale. In: Vakuum in Forschung und Praxis. 34. Jg., 2022, Nr. 4, S. 47–49

[DUMO12] Dumond, J.; Yee Low, H.: Recent developments and design challenges in continuous roller micro- and nanoimprinting. In: Journal of Vacuum

Science & Technology B, Nanotechnology and Microelectronics: Materials, Processing, Measurement, and Phenomena. 30. Jg., 2012, Nr. 1, S. 10801

[ELEC22] Electronic Temperature Instruments Ltd.: Roller Surface Temperature Probe. URL: https://thermometer.co.uk/thermocouple-probes/1123-roller-surface-temperature-probes.html#/266-wheel_type-ptfe [Stand: 19.08.2022]

[FAGA09] Fagan, M.; Kim, B.; Yao, D.: A novel process for continuous thermal embossing of large-area nanopatterns onto polymer films. In: Advances in Polymer Technology. 28. Jg., 2009, Nr. 4, S. 246–256

[FROS21] Frost and Sullivan Ltd.: Transformative Mega Trends Power the Global Medical Plastics Market. Future Growth Potential Enhanced by Increasing Healthcare Expenditure in Developing Economies. 2021

[FROS21a]Frost and Sullivan Ltd.: Global Smart Lighting Growth Opportunities. Innovative Business Models of Connected Lighting Solutions with Open, Interoperable Systems to Drive Future Growth. 2021

[GALE97] Gale, M.: Replication techniques for diffractive optical elements. In: Microelectronic Engineering. 34. Jg., 1997, 3-4, S. 321–339

[GIPL 23a]GiPlast s.r.l.: Polycarbonat. URL: https://www.giplast.com/de/specifiche/policarbonato/ [Stand: 15.04.2023]

[GIPL 23b]GiPlast s.r.l.: PMMA. URL: https://www.giplast.com/de/specifiche/pmma/ [Stand: 15.04.2023]

[GUO08] Schutzrecht USA US 8,027,086 B2Guo ,Lingjie Jay, Arbor Ann: ROLL TO ROLL NANOIMPRINT LITHOGRAPHY. US-Patent

[GWK 20a]GWK: gwk Gesellschaft Wärme Kältetechnik mbH: Modulares Temperiergerät teco-cs. URL: https://www.gwk.com/de/teco-cs.html [Stand: 14.12.2020]

[GWK 20b]GWK: gwk Gesellschaft Wärme Kältetechnik mbH: Modulares Temperiergerät teco to/tt/th. Modulares Temperiergerät mit Öl bis zu 400°C. URL: https://www.gwk.com/de/teco-ttth-.html [Stand: 14.12.2020]

[HABE19] Habermehl, A.; Brenner, P.; Huber, R.; Mertens, A.; Winkler, F.; Hahn, L.; Guttmann, M.; Eschenbaum, C.; Lemmer, U.: Roll-to-Roll Hot Embossing of 1D and 2D Photonic Nanostructures. In: Advanced Engineering Materials. 21. Jg., 2019, Nr. 8, S. 1900110

[HABE 92a]Haber, A.; Kamal, M.: Experimental analysis of the thermoplastic film embossing process. In: Advances in Polymer Technology. 11. Jg., 1992, Nr. 3, S. 159–180

[HABE 92b]Haber, A.; Kamal, M.: Experimental analysis of the thermoplastic film embossing process. In: Advances in Polymer Technology. 11. Jg., 1992, Nr. 3, S. 159–180

[HAIS96] Haisma, J.: Mold-assisted nanolithography: A process for reliable pattern replication. In: Journal of Vacuum Science & Technology B: Microelectronics and Nanometer Structures. 14. Jg., 1996, Nr. 6, S. 4124

[HANN73] Hannan, W.; Flory, R.; Lurie, M.; Ryan, R.: HoloTape®: A Low-Cost Prerecorded Television System Using Holographic Storage. In: Journal of the SMPTE. 82. Jg., 1973, Nr. 11, S. 905–915

[HETN14] Hetnarski, Richard B. (Editor): Encyclopedia of thermal stresses. With 371 tables. Dordrecht: Springer, 2014

[HILT05] Hiltunen, I.; Korpela, A.; Mikkonen, R.: Solenoidal Bi-2223/Ag Induction Heater for Aluminum and Copper Billets. In: IEEE Transactions on Appiled Superconductivity. 15. Jg., 2005, Nr. 2, S. 2356–2359

[HOLM76] Holman, J.: Heat transfer. 4. ed. New York: McGraw-Hill, 1976

[HOPM18]Hopmann, C.; Petzinka, F.: Use of variothermal heating for the extrusion embossing of microstructured poly(methylmethacrylate) and polycarbonate optical films. In: Journal of Plastic Film & Sheeting. 34. Jg., 2018, Nr. 1, S. 98–112

[HUAN18] Huang, P.; To, S.; Zhu, Z.: Diamond turning of micro-lens array on the roller featuring high aspect ratio. In: The International Journal of Advanced Manufacturing Technology. 96. Jg., 2018, 5-8, S. 2463–2469

[IPCO18] IPCO AB: Super Mirror Polished Steel Belts. 2018

[IPCO19] IPCO AB: IPCO B Steel Belt Specifications. 2019

[IPCO20] IPCO AB: IPCO 1600SM: Martensitic stainless steel belt. 2020

[JACK06] Jackson: Klassische Elektrodynamik. Berlin: De Gruyter, 2006

[JANG03] Jang, S.-M.; Cho, S.; Lee, S.-H.; Cho, H.; Park, H.: Thermal analysis of induction heating roll with heat pipes. In: IEEE Transactions on Magnetics. 39. Jg., 2003, Nr. 5, S. 3244–3246

[KIST18] Kistler Gruppe: DMS-Miniatur-Kraftsensor. für Druckkräfte, 0,1 ... 200 kN, Typ 457AA... 2018

[KODI19] Kodihalli Shivaprakash, N.; Forraguto, T.; Panwar, A.; Banerjee, S.; Barry, C.; Mead, J.: Fabrication of Flexible Polymer Molds for Polymer Microstructuring by Roll-to-Roll Hot Embossing. In: ACS omega. 4. Jg., 2019, Nr. 7, S. 12480–12488

[KORD15] Kordy, H.: Process abilities of the riblet-coating process with dual-cure lacquers. In: CIRP Journal of Manufacturing Science and Technology. 11. Jg., 2015, S. 1–9

[KOSE18] Kosel, M.; Vogt, F.: FLEXPOL-Antimicrobial Flexible Polymers for its use in hospital environments-H2020. URL: https://www.ingentaconnect.com/content/sil/impact/2018/00002018/00000010/art00024 [Stand: 06.04.2023]

[LANG13] Langeheinecke, K.; Jany, P.; Thieleke, G.; Langeheinecke, K.; Kaufmann, A.: Thermodynamik für Ingenieure. Wiesbaden: Springer Fachmedien Wiesbaden, 2013

[LARR16] Larrañeta, E.; McCrudden, M.; Courtenay, A.; Donnelly, R.: Microneedles: A New Frontier in Nanomedicine Delivery. In: Pharmaceutical research. 33. Jg., 2016, Nr. 5, S. 1055–1073

[LEE11] Lee, C.-H.; Liu, C.; Lin, S.: A roll-to-roll sub-wavelength grating applied for a liquid crystal backlight. In: Physics Procedia. 19. Jg., 2011, S. 249–257

[LIN 11a] Lin, C.-F.; Fang, Y.-B.; Yang, P.-H.: Optical film with microstructures array for slim-type backlight applications. In: Optik. 122. Jg., 2011, Nr. 13, S. 1169–1173

[LIN 11b] Lin, B.: Microfluidics. Berlin, Heidelberg: Springer Berlin Heidelberg, 2011

[LOU17] Lou, Y.; Wu, G.; Li, J.; Wang, H.; Bai, C.: Development of a continuous injection direct rolling imprint system for microstructure thin-plate. In: Microsystem Technologies. 23. Jg., 2017, Nr. 7, S. 2509–2519

[LUFT21] Lufthansa Group: Die Natur als Vorbild: Lufthansa Group und BASF bringen Sharkskin-Technologie in Serie. Frankfurt, 03.05.2021. URL: https://www.lufthansagroup.com/media/newsroom/group/2021/q2/20210503_PM_LHG_Aeroshark_DE.pdf. – Aktualisierungsdatum: 2021-05-03 [Stand: 05.04.2023]

[MATW 23a]MatWeb LLC: Materialdaten PET-G. Materialdatenbank der Fa MatWeb LLC. URL: https://www.matweb.com/search/datasheet_print.aspx?matguid=4de1c85bb946406a86c52b688e3810d0 [Stand: 15.04.2023]

[MATW 23b]MatWeb LLC: Materialdaten PS. Materialdatenbank der Fa MatWeb LLC. URL: https://www.matweb.com/search/DataSheet.aspx?MatGUID=df6b1ef50ce84e7995bdd1f6fd1b04c9 [Stand: 15.04.2023]

[MICH12] Michaeli, W.; Eilbracht, S.; Scharf, M.; Hartmann, C.; Bobzin, K.; Bagcivan, N.; Theiß, S.: Application of variothermal heating concepts for the production of microstructured films using the extrusion embossing process. In: Journal of Polymer Engineering. 32. Jg., 2012, Nr. 2, S. 95–101

[MICR23] microsonic GmbH: bks+3/FIU. 13.04.2023

[MOON15]Moon, B.-J.; Kim, J.; Lee, S.-K.: Suppression of thermal crown of heating roll for large area thermal imprint with consideration of thermal resistance between roll and shaft. In: International Journal of Precision Engineering and Manufacturing-Green Technology. 2. Jg., 2015, Nr. 4, S. 315–323

[PEMS21] PEMS Co., L.: RIP-300 Roll to Roll Imprinting System. URL: http://www.pems-korea.com/brochure/complex/RIP-300(Rolll%20to%20Roll%20Imprinting%20System).pdf [Stand: [Stand: 26.05.2021]]

[PENG16] Peng, L.; Wu, H.; Shu, Y.; Yi, P.; Deng, Y.; Lai, X.: Roll-to-roll hot embossing system with shape preserving mechanism for the large-area fabrication of microstructures. In: The Review of scientific instruments. 87. Jg., 2016, Nr. 10, S. 105120

[PLAC13] Plachetka, U.: Replikation von Mikro- und Nanostrukturen für optische Anwendungen. 1. Aufl. München: Verl. Dr. Hut, 2013

[POLY22] polyscale GmbH & Co.KG: Optische Folien. Lichtverteilung über Mikrostrukturen. URL: https://polyscale.com/optische-komponenten/optische-folien/ [Stand: 06.04.2023]

[PTMT21] PTMTEC Oy: Nanoimprinters/Coaters. URL: http://www.ptmtec.com/home/Products/nanoimprinters-coaters [Stand: [Stand: 26.05.2021]]

[RAKE18] Rakebrandt, J.-H.; Brenner, P.; Huber, R.; Mertens, A.; Guttmann, M.; Winkler, F.; Pfleging, W.; Eschenbaum, C.; Lemmer, U.; Habermehl, A.: Comparing roll-to-roll and laser-assisted hot embossing for micro- and nanofabrication. In: Tagungsband: Nanoengineering: Fabrication, Properties, Optics, and Devices XV. San Diego, United States, 19.08.2018 - 23.08.2018: SPIE, S. 13

[RANK17] Rank, A.; Lang, V.; Lasagni, A.: High-Speed Roll-to-Roll Hot Embossing of Micrometer and Sub Micrometer Structures Using Seamless Direct Laser Interference Patterning Treated Sleeves. In: Advanced Engineering Materials. 19. Jg., 2017, Nr. 11, S. 1700201

[RUDN17] Rudnev, V.; Loveless, D.; Cook, R.: Handbook of induction heating. (Reihe: Manufacturing engineering and materials processing, Bd. 61). Second edition. Boca Raton, FL: CRC Press Taylor & Francis Group, 2017

[RUND02] Runde, M.; Magnusson, N.: Induction heating of aluminium billets using superconducting coils. In: Physica C: Superconductivity. 372-376, 2002, S. 1339–1341

[SCHA11] Scharf, M.: Extrusionsprägen mikrostrukturierter Kunststofffolien. Extrusion embossing of micro-structured plastic films. (Reihe: IKV-Berichte aus der Kunststoffverarbeitung, Bd. 219). 1. Aufl. Aachen: Mainz, 2011

[SHAN12] Shan, X.; Chen, S.; Salam, B.; Mohahidin, M.; Wei, J.: Process considerations, process challenges and manufacturing systems for roll-to-roll processing. In: Journal of Vacuum Science & Technology B, Nanotechnology and Microelectronics: Materials, Processing, Measurement, and Phenomena. 30. Jg., 2012, Nr. 1, S. 684–687

[SHAN16] Shan, X.; Chen, S.; Salam, B.; Mohahidin, M.; Wei, J.: Process considerations, process challenges and manufacturing systems for roll-to-roll processing (Hrsg.), S. 684–687

[SHAN17] Shan, X.; Chen, S.; Mohahidin, M.; Wei, J.: Development of a roll-to-roll thermal imprinting system with seamless belt-type template. In: Journal of Micromechanics and Microengineering. 27. Jg., 2017, Nr. 8, S. 87001

[SHAR22] Sharklet Technologies, Inc.: Sharklet Technology Overview. The Sharklet Micropattern. URL: https://www.sharklet.com/technology-overview/ [Stand: 06.04.2023]

[SIEG21] SIEGERT WAFER GmbH: Typische Silizium Wafer Spezifikationen. URL: https://www.siegertwafer.de/Si-Wafer.html?gclid=EAIaIQobChMIIv-Vw4TB8AIVC-3tCh1_TgmNEAAYAiAAEgKXcPD_BwE [Stand: [Stand: 11.05.2021]]

[SING 20a]Single Temperiertechnik GmbH: Temperiergerät Oil Advanced D1. Temperiergerät bs 350°C. URL: https://single-temp.de/produkte/temperierung-mit-oel/40/oil-advanced-d1?number=D1.22&c=23 [Stand: 14.12.2020]

[SING 20b]Single Temperiertechnik GmbH: Water Advanced High Temp HK. URL: https://single-temp.de/produkte/temperierung-mit-wasser/wassertemperiersysteme/30/water-advanced-high-temp-hk?c=24&group%5B10%5D=58 [Stand: 12.12.2020]

[SKAZ17] Skazik-Voogt, C.; Bastuck, T.; Janssen, A.; Guthermuth, A.: Fertigungsverfahren fuer das Tissue Engineering. URL: https://analyticalscience.wiley.com/do/10.1002/gitfach.15509/full/ [Stand: 06.04.2023]

[SKOL18] Skolaut, W.: Maschinenbau. Ein Lehrbuch für das ganze Bachelor-Studium. 2., aktualisierte und überarbeitete. Berlin: Springer Vieweg, 2018

[SOHN13] Sohn, K.-J.; Park, J.; Lee, D.-E.; Jang, H.-I.; Lee, W.: Effects of the process temperature and rolling speed on the thermal roll-to-roll imprint lithography of flexible polycarbonate film. In: Journal of Micromechanics and Microengineering. 23. Jg., 2013, Nr. 3, S. 35024

[TAN98] Tan, H.: Roller nanoimprint lithography. In: Journal of Vacuum Science & Technology B: Microelectronics and Nanometer Structures. 16. Jg., 1998, Nr. 6, S. 3926

[TEMI16] temicon GmbH: Anti-glare Molds. Glare control with anti-glare surfaces. URL: https://www.temicon.de/resources/Documents/PDF-Downloads/Datenbl%C3%A4tter_2016_Antiglare_5.pdf [Stand: 05.04.2023]

[TEMI 23a]temicon GmbH: Display-Anwendungen. URL: https://www.temicon.de/branchen/display [Stand: 06.04.2023]

[TEMI 23b]temicon GmbH: Solar. FUNKTIONALE OBERFLÄCHEN Mikrostrukturierte Folien zur Steigerung des Modulwirkungsgrads in der Photovoltaik. URL: https://www.temicon.de/branchen/solar [Stand: 05.04.2023]

[TING08] Ting, C.-J.; Chang, F.-Y.; Chen, C.-F.; Chou, C.: Fabrication of an antireflective polymer optical film with subwavelength structures using a roll-to-roll micro-replication process. In: Journal of Micromechanics and Microengineering. 18. Jg., 2008, Nr. 7, S. 75001

[VELT08] Velten, T.; Schuck, H.; Richter, M.; Klink, G.; Bock, K.; Malek, C.; Roth, S.; Schoo, H.; Bolt, P.: Microfluidics on foil: State of the art and new developments. In: Proceedings of the Institution of Mechanical Engineers, Part B: Journal of Engineering Manufacture. 222. Jg., 2008, Nr. 1, S. 107–116

[VELT10] Velten, T.; Schuck, H.; Haberer, W.; Bauerfeld, F.: Investigations on reel-to-reel hot embossing. In: The International Journal of Advanced Manufacturing Technology. 47. Jg., 2010, 1-4, S. 73–80

[VELT11] Velten, T.; Bauerfeld, F.; Schuck, H.; Scherbaum, S.; Landesberger, C.; Bock, K.: Roll-to-roll hot embossing of microstructures. In: Microsystem Technologies. 17. Jg., 2011, Nr. 4, S. 619–627

[VINK22] Vink König Deutschland GmbH: Technisches Datenblatt PETG. 2022

[WATL21] Watlow GmbH: Ultramic Advanced Ceramic Heaters. Keramisches Heizelement bis 400°C. URL: https://de.watlow.com/en/products/heaters/specialty-heaters/ultramic-ceramic-heaters [Stand: [Stand: 13.01.2021]]

[WORG09]Worgull, M.: Hot Embossing // Hot embossing. Theory and technology of microreplication. (Reihe: Micro & nano technologies, Bd. 7). 1. ed. Oxford: William Andrew, 2009

[XIE18] Xie, J.; Jiang, Y.; Liu, J.; Man, T.: A rapid and precision hot embossing of LGP micro-arch lens array inside core microgrooves: simulation and experiment. In: The International Journal of Advanced Manufacturing Technology. 95. Jg., 2018, 1-4, S. 171–180

[YANG20] Yang, S.; Zhang, G.; Li, C.; Jiang, Z.: Introduction to Precision Machines. In: Jiang, Z.; Yang, S. (Hrsg.): Precision Machines. Singapore: Springer Singapore, 2020, S. 1–32

[YI18] Yi, P.; Deng, Y.; Shu, Y.; Peng, L.: Experimental studies on a novel roll-to-roll powder hot embossing for large-area fabrication of micropyramid arrays on polymers. In: Journal of Micromechanics and Microengineering. 28. Jg., 2018, Nr. 8, S. 85007

[YUN12] Yun, D.; Son, Y.; Kyung, J.; Park, H.; Park, C.; Lee, S.; Kim, B.: Development of roll-to-roll hot embossing system with induction heater for micro fabrication. In: The Review of scientific instruments. 83. Jg., 2012, Nr. 1, S. 15108

[ZHAN15] Zhang, X.; Liu, K.; Shan, X.; Charlot, B.: 2015 Symposium on Design, Test, Integration and Packaging of MEMS/MOEMS (DTIP 2015). Montpellier, France, 27 - 30 April 2015. Piscataway, NJ: IEEE, 2015

[ZHON18] Zhong, Z.; Ng, H.; Chen, S.; Shan, X.: Hot roller embossing of multi-dimensional microstructures using elastomeric molds. In: Microsystem Technologies. 24. Jg., 2018, Nr. 3, S. 1443–1452

10 Anhang

Appendix

10.1 Parametertabelle des DOE mit PWM

Table of parameters for the DOE trials with PWM

Nummer	Frequenz (kHz)	Leistung (kW)	Pulsdauer (ms)	Dauer zwischen Pulsen (ms)	Pulsverhältnis	Rotationsgeschwindigkeit (m/min)
1	34	10	250	500	0,5	0,5
2	34	10	250	500	0,5	1,5
3	34	10	250	125	2	0,5
4	34	10	250	125	2	1,5
5	34	10	1250	2500	0,5	0,5
6	34	10	1250	2500	0,5	1,5
7	34	10	1250	625	2	0,5
8	34	10	1250	625	2	1,5
9	34	20	250	500	0,5	0,5
10	34	20	250	500	0,5	1,5
11	34	20	250	125	2	0,5
12	34	20	250	125	2	1,5
13	34	20	1250	2500	0,5	0,5
14	34	20	1250	2500	0,5	1,5
15	34	20	1250	625	2	0,5
16	34	20	1250	625	2	1,5
17	75	10	250	500	0,5	0,5
18	75	10	250	500	0,5	1,5
19	75	10	250	125	2	0,5
20	75	10	250	125	2	1,5
21	75	10	1250	2500	0,5	0,5
22	75	10	1250	2500	0,5	1,5
23	75	10	1250	625	2	0,5
24	75	10	1250	625	2	1,5
25	75	20	250	500	0,5	0,5
26	75	20	250	500	0,5	1,5
27	75	20	250	125	2	0,5
28	75	20	250	125	2	1,5
29	75	20	1250	2500	0,5	0,5
30	75	20	1250	2500	0,5	1,5
31	75	20	1250	625	2	0,5
32	75	20	1250	625	2	1,5
33	50	13,9	640	499	1,28	0,9

10.2 Parametertabelle des kontinuierlichen DOE

Table of parameters for the continuous DOE trials

Nummer	Frequenz (kHz)	Leistung (kW)	Rotationsgeschwindigkeit (m/min)
1	34	10	0,5
2	34	10	1,5
3	34	20	0,5
4	34	20	1,5
5	75	10	0,5
6	75	10	1,5
7	75	20	0,5
8	75	20	1,5

In der Reihe **Ergebnisse aus der Produktionstechnik** zuletzt erschienen:

Lender, Benjamin:
Datenbasierte Identifikation von Heuristiken für das Entwicklungsmanagement
ISBN: 978-3-98555-219-1
Erscheinungsdatum: 16.07.2024

Kosel, Maximilian:
Prozess- und Maschinenentwicklung für das kontinuierliche, variotherme Heißprägen
ISBN: 978-3-98555-223-8
Erscheinungsdatum: 16.07.2024

Lukas, Gerret:
Gestaltungsmodell zur thermischen Auslegung additiver Prototypenwerkzeuge aus Kunststoff
ISBN: 978-3-98555-209-2
Erscheinungsdatum: 03.06.2024

Dackweiler, Jonas:
Planungseffizienz und -effektivität durch Plattformbasierte Fabrikplanung
ISBN: 978-3-98555-220-7
Erscheinungsdatum: 27.05.2024

Löffler, Bernd:
Additiv gefertigte Kunststoffwerkzeuge für das Tiefziehen von Feinblech
ISBN: 978-3-98555-211-5
Erscheinungsdatum: 27.05.2024

Schopen, Marco:
Datenbasierte hybride Analyse und Gestaltung von Geschäftsprozessen
ISBN: 978-3-98555-217-7
Erscheinungsdatum: 22.05.2024

Scholzen, Philipp:
Auslegung geräuschoptimierter pulvermetallurgischer Stirnradverzahnungen
ISBN: 978-3-98555-216-0
Erscheinungsdatum: 21.05.2024

Seelbach, Tobias:
Prädiktion der Maßhaltigkeit beim Räumen von Profilnuten
ISBN: 978-3-98555-213-9
Erscheinungsdatum: 21.05.2024

Fiedler, Falko:
Produkt- und prozessseitige Auslegung von bauteilintegrierten Vorrichtungsfunktionen
ISBN: 978-3-98555-206-1
Erscheinungsdatum: 02.04.2024

Theling, Julian:
Auslegung von Planetengetrieben im elastischen Verzahnungsumfeld unter Berücksichtigung der Wechselwirkungen des Mehrfacheingriffes
ISBN: 978-3-98555-205-4
Erscheinungsdatum: 26.03.2024

Edition Wissenschaft
Apprimus

Hohenstein, Steffen:
Multidirektionaler Aufbau in der additiven Fertigung von Kunststoffen
ISBN: 978-3-98555-203-0
Erscheinungsdatum: 05.03.2024

Ochel, Janis:
Datengetriebene Strukturierung von NC-Zerspanprozessen
ISBN: 978-3-98555-204-7
Erscheinungsdatum: 14.02.2024

Schulz, Malena:
Digital Twin Methodology for the Automated Fiber Placement with In-situ Consolidation of Thermoplastic Tape
ISBN: 978-3-98555-195-8
Erscheinungsdatum: 30.01.2024

Schweins, Julian:
Datengestützte Gestaltung des nachhaltigen Werkzeuglebenszyklus
ISBN: 978-3-98555-197-2
Erscheinungsdatum: 22.01.2024

Ecker, Christian:
Flexible Inbetriebnahme roboterbasierter Montagesysteme durch Prozessdemonstration
ISBN: 978-3-98555-189-7
Erscheinungsdatum: 11.12.2023

Padberg, Melanie:
Ansätze der inhärent sicheren Konstruktion modifizierbarer, cyberphysischer Produktionssysteme
ISBN: 978-3-98555-184-2
Erscheinungsdatum: 07.12.2023

Schukat, Esben:
Kapazitätsorientierte Auftragsfreigabe in matrixstrukturierten Montagesystemen
ISBN: 978-3-98555-189-9
Erscheinungsdatum: 20.02.2024

Metzmacher, Amelie Isabel:
Beschäftigungsfähigkeit im produzierenden Sektor – Entwicklung des Predictive Model of Industrial Employability
ISBN: 978-3-98555-201-6
Erscheinungsdatum: 13.02.2024

Olivier, Marcel:
Abtragmechanismen beim drahtfunkenerosiven Bearbeiten elektrisch leitfähiger Keramiken im kohlenwasserstoffbasierten Dielektrikum
ISBN: 978-3-98555-200-9
Erscheinungsdatum: 30.01.2024

Landwehr, Markus:
Modellierung und Vorhersage des eigenspannungsbedingten Bauteilverzugs bei der Fräsbearbeitung
ISBN: 978-3-98555-194-1
Erscheinungsdatum: 09.01.2024

Goergen, Fabian:
Analogieversuch zur Erzeugung von Zahnflankenbrüchen an Stirnrädern
ISBN: 978-3-98555-191-0
Erscheinungsdatum: 11.12.2023

Studerus, Bastian:
Gestaltung von Kooperationen zwischen Technologiekonzernen und Start-ups
ISBN: 978-3-98555-186-6
Erscheinungsdatum: 04.12.2023

Edition Wissenschaft
Apprimus

MIX
Papier | Fördert gute Waldnutzung
FSC® C083411

Zeitfracht Medien GmbH
Ferdinand-Jühlke-Straße 7
99095 Erfurt, Deutschland
produktsicherheit@kolibri360.de